U0169395

"十四五"国家重点出版物出版规划重大工程

金属纳米结构
光场增强技术与应用

杜春雷　夏良平　张　满　著

中国科学技术大学出版社

内 容 简 介

本书是国家自然科学基金研究成果。近年来金属纳米结构的奇异光学性质催生了该领域的研究热潮,而诸多研究表明其奇异光学特性的本质是金属纳米结构激发了光场增强效应。本书系统地介绍了金属纳米结构光场增强理论,笔者团队研发的增强结构典型加工技术,以及其在应用探索方面的研究成果。由于金属纳米结构光场增强性质属于基础的物理性质,可应用范围广,因此该书可作为物理光学、光学微纳结构设计加工、光谱探测、生化传感器开发等专业领域学生、从业者的参考书。

图书在版编目(CIP)数据

金属纳米结构光场增强技术与应用/杜春雷,夏良平,张满著.—合肥:中国科学技术大学出版社,2022.11

(前沿科技关键技术研究丛书)

"十四五"国家重点出版物出版规划重大工程

ISBN 978-7-312-05522-5

Ⅰ.金… Ⅱ.① 杜… ② 夏… ③ 张… Ⅲ.金属材料—纳米材料—研究 Ⅳ.TB383

中国版本图书馆CIP数据核字(2022)第181352号

金属纳米结构光场增强技术与应用

JINSHU NAMI JIEGOU GUANGCHANG ZENGQIANG JISHU YU YINGYONG

出版	中国科学技术大学出版社
	安徽省合肥市金寨路96号,230026
	http://press.ustc.edu.cn
	https://zgkxjsdxcbs.tmall.com
印刷	合肥华苑印刷包装有限公司
发行	中国科学技术大学出版社
开本	787 mm×1092 mm　1/16
印张	8.5
插页	2
字数	188千
版次	2022年11月第1版
印次	2022年11月第1次印刷
定价	56.00元

前　　言

光学的发展历史璀璨辉煌,从照明到成像,从几何光学到衍射光学,从太阳能技术到光谱探测技术,从光学望远镜对宇宙的探索到光学显微镜对微观世界的认知,近代光学技术在一个个传奇而经典的发现和发明中崛起,如牛顿的棱镜分光实验、伽利略的望远镜、高锟的光纤。光学技术的发展推动了人类科技、社会的巨大进步,其在现代社会中扮演着重要的角色。

自21世纪初,半导体加工技术的广泛应用催生了各种小型化的光学结构,光学加工材料的研究边界被不断突破。经过不断尝试,人们逐渐发现了贵金属在纳米尺度下对光波存在异于常规光学材料的响应,科学界对此产生了浓厚的兴趣,由此开创了金属纳米光学领域的研究热潮,其至今仍是前沿领域的一大研究热点。

在本质上,金属纳米结构对光波的奇异响应很大程度上是由其激发的光场近场增强效应而产生的,形成了负折射、平面聚焦、亚波长异常透射、环境敏感、吸收和散射增强等特殊现象。基于这些特殊现象,各类新型的光学结构、光学器件和光学系统被研制出来,其潜在的应用前景将极大地改变人类现状。

经过近二十年的快速发展,金属纳米光学已开始从探索性质的科学研究阶段逐渐向应用阶段迈进。目前的大量研究成果均以外文论文形式发表,不仅不便于国内读者阅读,而且缺乏对金属纳米光学本质的光场增强机制和性质的系统介绍。为了便于推进金属纳米光学的应用发展,笔者总结了自己团队在该领域的部分研究工作,通过系统梳理,编写成了本书。本书为相关从业者、本科生和研究生提供机理、结构设计、结构加工以及典型应用方面的系统介绍,有助于其快速了解金属纳米结构的光场增强特性的理论基础和实验方法,为后续更深入的研究和应用开发提供一定的参考。

本书共9章。第1章为金属纳米结构光场增强技术现状,主要介绍金属纳米结构增强研究的国际、国内现状。

第2章为金属纳米结构光场增强理论基础,主要介绍金属纳米结构研究涉及的理论知识,常规的理论研究方法,以及经过总结得到的相关理论规律,为后续的研究提供理论和方法指导。

第3章为金属纳米结构的光场增强技术,主要介绍笔者团队从事的几种典型金属纳米结构的理论研究结果,结构类型从简单到复杂,从一维金属纳米薄膜到二维金属狭缝阵列,再到三维复杂金属纳米结构均有涉及。

第4~6章为纳米结构的几种加工技术,其中第4章详细介绍了基于巯基-烯材料的纳米压印技术,第5章详细介绍了聚苯乙烯微球自组装纳米结构制备技术,第6章详细介绍了可控龟裂纳米结构制备技术。这三种技术不同于传统的光刻加工,是笔者团队研究的几种典型纳米结构加工技术,所加工的纳米结构都具有特征尺寸小、无需昂贵复杂的半导体光刻设备的特点。尤其是可控龟裂加工技术,笔者团队成员在实验过程中偶然发现该技术,由此总结出了一种特殊的高深宽比纳米结构加工方法。

第7章为表面等离子体共振传感技术,该技术是金属纳米结构光场增强效应在表面等离子体高灵敏传感领域的应用。该章介绍了金银双层薄膜结构的高灵敏性、高可靠性表面等离子体传感芯片结构的设计理论、过程与结果,以及传感系统的构建、实验测试与标定方法等。该章介绍的方法可操作性强,具有较高的应用推广价值。

第8章为表面增强拉曼传感技术,该技术是基于金属纳米结构光场增强特性。该章首先介绍了拉曼光谱在物质鉴别、传感领域的独特优势,以及传统拉曼光谱存在的典型问题。然后介绍了金属结构表面增强拉曼散射的物理机制,以及笔者团队采用前述章节纳米结构加工方法制作芯片的表面增强拉曼测试结果。

第9章为表面等离子体芯片光谱探测技术,该技术是基于金属表面等离子体效应,为笔者团队成员提出,利用金属狭缝激发可传输的表面等离子体波,再形成渐变干涉,通过探测干涉条纹,然后以傅里叶变换获得入射光谱。该方法将传统的沿光轴传输的空间光变换成了沿芯片传输的表面等离子体光波,极大地减小了光学系统体积,为光谱仪分光系统的芯片化提供了一种全新思路,以供读者参考。

　　本书所呈现的研究成果获得了多项国家自然基金项目的支持,金属纳米结构光场增强的相关内容是笔者团队典型的研究方向。在完成本书的过程中,夏良平和张满贡献了他们的研究成果,曾梦婷为稿件校对付出了辛勤劳动,在此表示衷心的感谢。

　　此外,由于笔者知识水平有限,本书内容难免存在不足,相关成果在理论研究和应用方面有待进一步完善。笔者深感本研究成果的推广需要不同领域人员的共同协作,因此也希望本书能在不同专业人员中传播,为研究成果的应用推广提供助力,使金属纳米光学早日为人类科技和社会进步做出贡献。

杜春雷

2022年5月

目　　录

第1章　金属纳米结构光场增强技术现状

人类掌握了火的控制，即开始了对光的利用，从远古时期的烽火传信到近代光学，我们的祖先经历了漫长的摸索过程。1665年胡克造出第一台光学显微镜，人类的视野便延伸到了那些"看不见"的微观领域，这也成了推动生物学、分析化学、材料学、微观物理等各学科发展的原始动力之一。激光的出现，直接使现代光学通信从理论走向了现实，保证了人们日常生活中超大信息量的传递。不难发现，光学领域的每一次突破，都引起了巨大的技术进步，并引发了人类生活方式的彻底改变。

与其他学科一样，光学同样经历了从宏观到微观的历程，发展至今，纳米光子学成为了近年来的研究热点。因光的容量大、涵盖信息丰富等诸多优异性质，并受电子集成技术为人类生活带来的颠覆性改变启发，光学研究者们自然地期望实现像电子学那样的光子集成[1-3]，那将成为又一次颠覆人类生活方式的驱动力，而纳米光子技术目前被认为是实现这一宏伟目标的有效途径[4-5]。

然而，在这一条道路上，人们面临着巨大的挑战。因光传输条件的特殊性和物理衍射极限等限制，在微小的纳米尺度，光并不像电那样易于操控。受限于此，虽然在20世纪90年代人们已提出了全光通信、全光计算机等轰轰烈烈的设想[6-7]，但到目前为止，大部分的光子器件仍未实现芯片化、功能集成化，这些设想仍是空中楼阁。

作为纳米光子学中最为重要的一类，金属纳米光学因其电磁增强特性而拥有异于非金属光学的诸如超强电磁局域增强、超衍射、折射率异常敏感等奇异性质，被认为是光波突破传统光学的物理限制，实现性能优异、功能多样、芯片型集成光子器件的希望之一[5, 8]。由于这些原因，从20世纪末开始，金属纳米光学备受各国科学家关注，并在21世纪初呈现出爆发式的发展。

金属纳米光学是研究以贵金属材料为主体构成的纳米结构对光场的奇异响应和操控行为的一门学科。作为一门新兴的学科，其首先经历了性质的广泛研究。金属纳米结构的场增强性质[9]、折射率敏感性质[10]、超衍射性质[11]以及光吸收增强性质等[12]被相继发现，研究者们对其进行深入研究，已取得了丰硕的成果。例如，基于场增强性质发展起来的表面增强拉曼散射已成为各国研究者竞相研究的一门专业学科；基于折射率敏感性质，美国BIOCORE公司已开发了成为生物分析领域标准的高性能生化检测设备[13]；其超衍射性质已在超越瑞利法则的亚波长聚焦[14]、亚波长光刻[15]、亚波长波导传输[16]等领域的应用中被广泛探索；其光吸收增强性质已在高效率的太阳能电池[17]、光电二极管等光电子器件[18]中发挥了巨大作用；此外，基于金属纳米结构的奇异性质，一系列颠覆传统光学的负折射[19-21]、低折射等人工结构材料[22-25]被提出。基于这些成果，大量新概念不断产生，金属纳米光学一度被评为50年来光学领域的重大突破与进展。

1.1　光能量局域增强特性

金属纳米结构中的场局域增强特性最先是通过间接的方法被知晓的。1974 年 H. J. Simon 等人通过棱镜耦合方式在金属薄膜上观察到了二次谐波的产生[26]，随后，1979 年 J.C. Tsang 等人在实验中观察到粗糙金属表面的拉曼光谱被大幅度增强了[27-29]，当时并不明白其增强的原因，只是推测这一现象与实验中金属表面的粗糙度有关，在随后的研究中他们提出这一增强是由金属的表面等离子体效应引起的[30]。为了验证表面等离子体效应能增强拉曼光谱，1981 年 W. H. Weber 在 *Optics Letters* 上发表文章指出，在不考虑表面等离子体耦合的情况下，直接对电磁场模式在金属膜中产生的场分布进行理论计算，计算结果表明其金属表面的场远大于其激发场，并计算出在 2～3 eV 的频率范围内其场增强大约为 300 倍[31]。

在随后的研究中，数值计算方法与近场光场实验测试被广泛应用，人们对于金属纳米结构的场局域有了更多的获取手段，并获得了更直接的结果。随着时间的推移，各种形态的金属纳米结构中的场局域增强效应被研究，由于结构的形态变化太多，下面只列举几种常见的结构进行说明。图 1.1 给出了几种典型结构及其场局域增强结果。

图 1.1(a)～图 1.1(e) 展示的分别是金属薄膜[32]、金属光栅[33]、金属孔[34]、不同形状的金属纳米颗粒[35] 以及金属沟槽结构[36] 在入射光激发下，其表面的电磁场的局域增强情况。相关结果显示，金属表面的局域场在其界面处最高，随着离开其表面的距离越远，衰减得越厉害，且呈指数衰减的趋势。随着对金属纳米结构中的局域增强效应研究的逐步深入，人们对于这一特性的理解也越来越透彻。在外场驱动下，金属表面集聚的电荷正是其局域场增强的原因，而金属表面越尖锐的部位，其游离的自由电子密度越大，越容易形成电荷的集聚，因此所激发的局域场越强。这一理论目前已成为人们进行金属纳米结构性质分析与器件设计的指导思想之一。

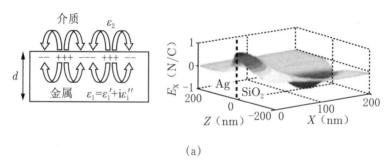

(a)

图 1.1　几种典型结构及其场局域增强结果[32-36]

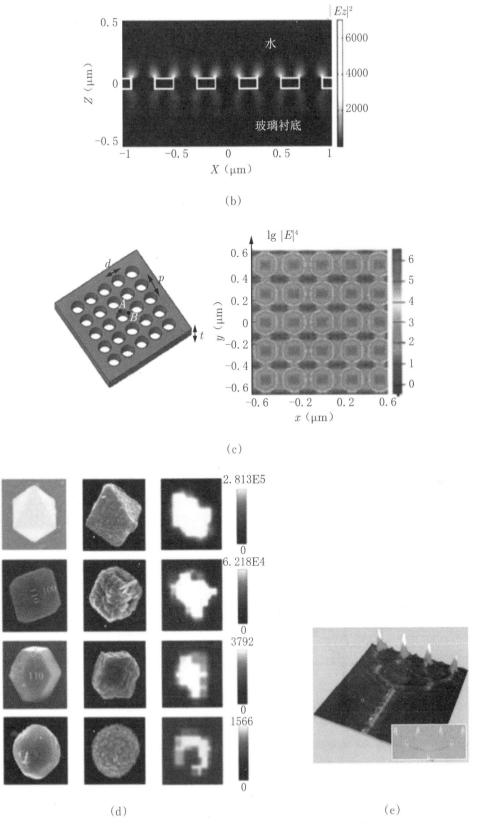

图1.1(续)　几种典型结构及其场局域增强结果[32-36]

.

.

在自然界中,物质与光的相互作用时时刻刻都在发生,如植物的光合作用、人体的红外辐射等。一般而言,物质与光的作用强度与光本身的强度是直接相关的,因此,金属纳米结构场局域增强可导致的直接结果是增强了物质与光的相互作用。目前研究较为广泛地利用这一特性来增强物质与光相互作用的,其中包括增强光电材料的光电转换效率、增强荧光物质的荧光辐射、增强分子的拉曼散射以及激发气体产生高次谐波等。

针对以上列举的金属纳米结构场局域增强性质的应用,图1.2给出了相应的文献报道结果。其中图1.2(a)为太阳能电池中的应用[37],金属颗粒使太阳能电池的光电材料与其局域场的作用增强,导致其光电量子转换效率获得了明显的提升。图1.2(b)为荧光中的应用[38],激发光受银颗粒的局域增强,使其与荧光分子的作用强度增加,从而导致了其荧光强度的大幅增加。图1.2(c)为拉曼光谱中的应用[39],由于金属纳米结构表面的场被增强了,因此处于这一空间中物质的电子向高能级跃迁的次数增加,而物质的拉曼平移与跃迁次数是直接相关的,因此该性质可显著增强物质的拉曼光谱强度。图1.2(d)为高次谐波的应用[40],对于可激发高次谐波的气体分子而言,常规激发需要能量极高的光脉冲,而金属纳米结构的局域场由于被大幅增强,局域场内的光能量密度很高,因此无需极高功率的入射光即可激发出高次谐波的光子,这为非线性光学的研究与应用打开了一扇便利的大门。

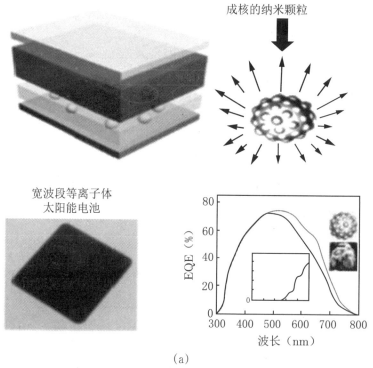

图1.2　金属纳米结构场局域增强的应用[37-40]

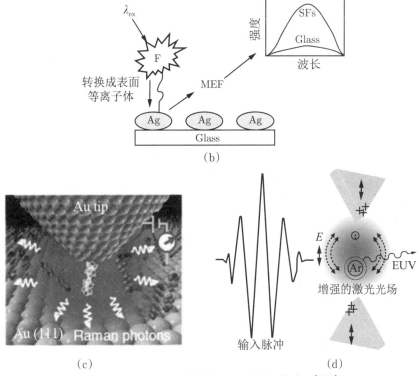

图 1.2(续) 金属纳米结构场局域增强的应用[37-40]

结合本书的研究内容,下面将对金属纳米结构的能量局域增强特性在表面增强拉曼光谱中应用的发展情况进行介绍。拉曼光谱是由物质化学键的振动引起的入射光和散射光之间的频率移动,具有十分明显的指纹特性,可进行快速的无标记特异性物质识别,但物质本身拉曼散射很弱,比入射光低几个数量级,因此,如不进行有效的信号增强,其灵敏度将非常低。而金属纳米结构的能量局域增强特性恰好可以使拉曼散射强度增强几个数量级,从而改善其灵敏度,使其成为一种高灵敏的物质识别与生化传感技术。

基于金属纳米结构的表面增强拉曼光谱自 1979 年被报道以来[30],已经历了 40 多年的发展,在这一发展历程中,如何设计和制备具有高灵敏特性的金属纳米结构一直是科学家所追求的目标。通过前面的分析不难看出,表面增强拉曼散射的强度与金属纳米结构局域场的能量是直接相关的,目前普遍认为具有很强的能量局域场的金属纳米结构有以下两种结构形式:一为以尖锐的金属纳米粒子形成热点,二为具有纳米量级的金属耦合狭缝。下面将以具体的例子对这两种结构形式进行介绍。

尖锐的金属纳米结构由于其高浓度的自由电子密度而具有很强的电磁局域能力,是非常优良的拉曼增强热点,这一点已经有大量的文献报道。在近几年的研究进展中,人们的目标是如何在有限的空间内增加这样的热点。图 1.3 为 2010 年 *Nano Letters* 报道的利用化学生长的方法在金属球的表面长出尖锐的"刺",由于"刺"的数量多,因此单位面积内的增强热点多,从而提升拉曼散射的强度[41]。图 1.3(a)从上到下依次对应图 1.3(b)中 P0、P1、T1、T2 的拉曼光谱,这一结果表明,金属球表面的"刺"越尖锐,其局域电磁场的能力越强,相应地增强拉曼散射的效果越好。

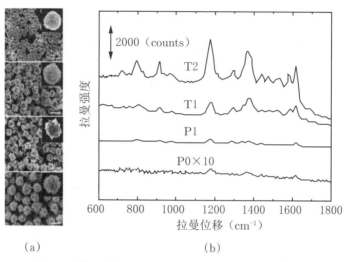

（a） （b）

图1.3 基于尖锐金属纳米粒子的表面增强拉曼散射[41]

增强拉曼散射的另一种结构形式为金属纳米狭缝，图1.4为2008年Jon P. Camden等人报道的化学合成的金属颗粒对[42]，从图1.4(a)可以看出这两个金属纳米颗粒之间的间隙可以控制得非常小，图1.4(b)显示了其表征耦合效应的消光光谱与场增强之间的一致性，图1.4(c)给出了相应的场分布的理论计算结果。对于这样的金属间隙，其尺寸越小，耦合作用越强，所形成的局域场越强，增强拉曼散射的能力也就越强，正是因为这一特点，金属纳米狭缝结构在表面增强拉曼传感研究中被大量使用[43-44]。

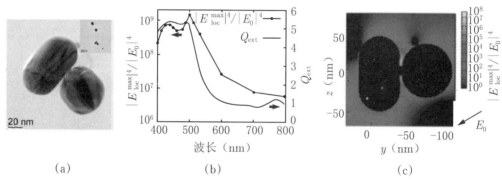

（a） （b） （c）

图1.4 基于金属纳米狭缝结构的表面增强拉曼散射[42]

对于以上两种常用的增强效果好的表面增强拉曼结构，由于其结构特征都在纳米量级，物理方法如光刻受衍射极限限制而无法达到十纳米以下甚至几十纳米的特征尺寸，电子束等高精度加工方法又非常昂贵，因此其获得方法主要为化学方法。然而，化学方法所制备的结构具有很大的随机性，导致其增强效果存在重复性不高的缺点，因此，如何低成本地获得性能优异、结构均一的金属纳米增强结构成为了表面增强拉曼光谱领域的一大关键问题。

1.2 折射率敏感特性

金属纳米结构的折射率敏感特性是表面等离子体效应中被研究和应用较早的性质,这要归功于 1968 年 E. Kretschmann[45] 和 A. Otto[46] 提出的可采用全反射棱镜激发金属膜的表面等离子体共振,且其共振特性可通过棱镜全反射光中的消光现象表现出来的发现,这个发现为从事表面等离子体效应研究的人们提供了一种易于实现的实验方法,也促使该研究领域的逐渐兴起。1974 年 John N. Polky 等人在研究金属膜组成的波导时,发现导模损耗与包裹金属的折射率有密切关系[47]。随后,从 1977 年起 J. G. Gordon II 和 J. D. Swalen 研究了金膜表面存在的介质膜对其表面等离子体共振的影响[48-49],发现虽然介质膜的厚度为 2~3 nm,但增加其层数将使表面等离子体共振产生显著的变化。以上研究均表明了金属纳米结构周围的介质是影响其表面等离子体共振的关键因素之一。

直接揭示介质折射率敏感特性的是由 Y. R. Shen 等人在 1980 年和 1981 年开展的基于全反射棱镜消光方式激发表面等离子体共振来测试液晶折射率的研究[50-51]。该研究结果表明,利用这一效应得到的折射率测试的精确度已达到 10^{-4},这一精度甚至超过了现在仍普遍使用的光学椭偏仪的折射率测量精度[52],这也表明表面等离子体共振对周围介质折射率的变化是非常敏感的。

图 1.5(a) 给出了棱镜激发表面等离子体共振以及其折射率敏感性的一个典型的研究结果[53]。该方式中,由于金属膜周围介质的折射率比棱镜的折射率小,若没有金属膜的存在,在光线大角度入射的情况下将发生全反射;然而,纳米金属膜将使其在一定角度下满足金属膜中的表面等离子体共振条件,从而使原有的全反射光强变弱直至消光,相应的消光结果如图 1.5(b) 所示[54]。另外,这一结果也显示了介质折射率的变化使反射消光角度发生了剧烈的变化,是金属纳米结构折射率敏感特性的直接证明。

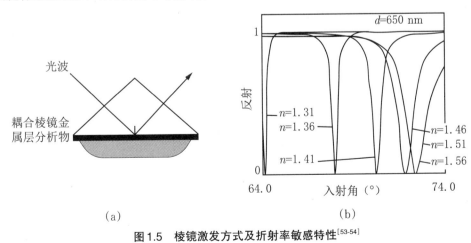

(a)　　　　　　　　　　(b)

图 1.5　棱镜激发方式及折射率敏感特性[53-54]

此时,对于金属纳米结构中的折射率敏感特性的原因已经明了,其是由周围介质的折射率影响了结构内部表面等离子体共振的激发条件所致。但这一影响并不是唯一的因素,可引起金属纳米结构中表面等离子体共振条件的因素有很多,如金属材料、结构、形貌分布、尺寸等,相应地,这些参数的变化也可改变折射率敏感的程度,正是由于这一多样性的存在,人们近几十年在这一领域进行了大量的研究探索。

对于金属纳米结构的折射率敏感特性的应用主要有两种方式:一种方式为在已知介质折射率的情况下,通过人为改变折射率以调制光学响应,即光调制器[55];另一种方式为通过探测光学响应来推测未知的介质折射率,即传感,这是目前该性质最为广泛的应用,下面我们将对其研究现状进行具体的介绍。

首先将金属纳米结构的折射率敏感特性用于化学传感的工作是1982年C. Nylander等人将表面等离子体共振技术用于气体的探测[56-57]。在随后30年的时间里,对于该传感技术的关注与研究持续增长,现在该传感技术已被大量应用于生化领域。

由于金属纳米结构的表面等离子体共振对多种因素敏感,因此可与传感介质折射率建立直接关系的物理量比较多,由此衍生出了多种不同类型的表面等离子体传感形式。易于实验操作的主要有四种形式:一是探测共振角度,二是探测共振波长,三是探测共振条件下光的相位,四是探测光强度。通过这些物理量表征被测物的折射率,从而实现对被测物浓度的检测。这四种类型各有特色,角度探测比较稳定,但需机械转动或阵列型光电探测器;波长探测比较灵活,但需昂贵的光谱仪;相位探测灵敏度高,但光路较复杂;光强探测的光路简单,但容易受光强波动的噪声干扰。

对于该传感技术的研究,主要集中于三个目标:灵敏度、通量和稳定性。在灵敏度方面有大量的研究报道,目前主要有两种方式:一是基于棱镜耦合的薄膜结构和光栅耦合结构的传播型的表面等离子体共振;二是基于纳米粒子、孔、柱等金属结构的局域表面等离子体共振。虽然一些复杂结构的局域表面等离子体共振可提供更高的传感灵敏度,但在具体的应用过程中,基于棱镜耦合的金属薄膜结构简单,重复性、稳定性非常好,因此应用最广泛。在通量方面,一般采用多通道技术,由于多通道可同时进行多个样品的分析,因此可具有非常高的通量,对于传感技术来说,传感的构造越简单多通道技术越容易实现。在稳定性方面,具有高效表面等离子体激发效果的金属为金和银,考虑到银容易氧化变性,一般采用稳定性好的金作为构建纳米传感结构的金属材料。

1.3　亚波长调制特性

金属纳米结构对光波的亚波长调制特性是其最诱人的性质,毫不夸张地说,正是这一性质的发现将金属纳米光学的研究推向了新的高峰,使之成为过去十多年的研究热点。这是由于亚波长调制特性使电磁波超越了传统的物理衍射极限,为光学结构、光子器件等向小型化发展带来了契机。

最早报道这一性质的是1998年T. W. Ebbesen等人在 *Nature* 上发表的一篇关于亚波长

金属孔异常透射增强的文章[58]，其透射强度与经典的Bethe所描述的孔径理论相比，增大了好几个数量级。图1.6给出了一个亚波长金属孔阵列异常透射的例子[59]，该图曲线表示的是试验中所得的零阶光能量透射率，图中照片为在电子显微镜下所看到的亚波长金属孔阵列，其点阵周期为750 nm，孔的平均直径为280 nm，厚度为320 nm，所用材料为银。可以看出，在波长$\lambda = 800$ nm时，亚波长金属孔阵列的零阶透射率接近14%，如果按照经典的Bethe孔径理论$(r/\lambda)^4$ [60]来计算，得到的透射率还不到1%，远远小于试验所得数值。

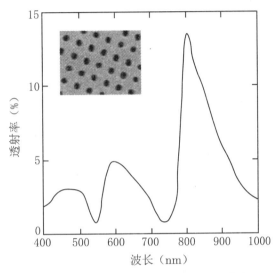

图1.6　亚波长金属孔阵列的异常透射[59]

以上结果不仅直接证明了金属孔的结构尺寸在亚波长量级时存在异常透射增强，还隐含着另外一层更大的意义：因为孔的特征尺寸小于波长的一半，所以它们不支持导模，这意味着金属孔中存在的光波模式超越了传统导波光学中关于导模传输条件的规定，且孔中存在的光波模式的大小也在亚波长量级，超越了传统的物理极限。大量的理论和实验研究表明，表面等离子体在其中起着非常关键的作用。表面等离子体在金属表面以倏逝波的形式存在，这种倏逝波的波长比其在自由空间中小，且不同界面的倏逝波可以相互耦合增强。正是这些特点构成了金属纳米结构的亚波长调制特性。

2010年 *Nature Photonics* 的一篇综述文章用图1.7的方式形象地对比了金属光学和传统介质光学的不同[36]，金属中表面等离子体波不管是模式大小还是模式波长都小于介质中的情况，正是这两个光学量的亚波长特性，为其带来了丰富的应用前景。

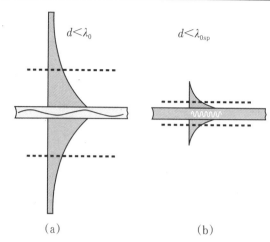

$d<\lambda_0$ $d<\lambda_{0sp}$

(a)   (b)

图1.7 光波在介质(a)和金属(b)中的模式对比[36]

图1.8列举了金属纳米结构亚波长调制特性的部分应用实例。其中图1.8(a)为亚波长结构的金属波导[61],在波长为632.8 nm下,其波导宽度只有50 nm,已远远小于传统导波光学的规定,该结果表明了亚波长金属波导具有良好的传导性能。图1.8(b)为其在超聚焦中的应用[62],在传统的光学理论中,可见光的最小聚焦光斑直径一般在200 nm以上,而利用楔形中空的金属锥尖可使聚焦光斑的大小达到80 nm以下。图1.8(c)为2005年*Science*报道的利用金属纳米结构的亚波长特性进行超衍射光刻的示意图和结果图[63],该结构中纳米厚度的银层激发了具有亚波长特性的倏逝波,从而在光刻胶上获得了特征尺寸仅为89 nm的光刻图案,远小于没有此效应下的321 nm。图1.8(d)为2009年Xiang Zhang小组报道的基于金属表面等离子体效应的深亚波长激光器[64],研究结果显示,对于波长为489 nm的激光,其光源的大小远小于100 nm。图1.8(e)为利用金属纳米结构亚波长异常透射特性设计的滤光结构[65],不难发现,该滤光结构整体大小虽只有几微米,但可实现对可见光整个光谱范围的滤光。从以上应用可以得出,利用金属纳米结构的亚波长调制特性,可实现各种光子器件向芯片尺度小型化,为其向集成化发展奠定基础。

(a)   (b)

图1.8 金属纳米结构亚波长调制特性的应用举例[61-65]

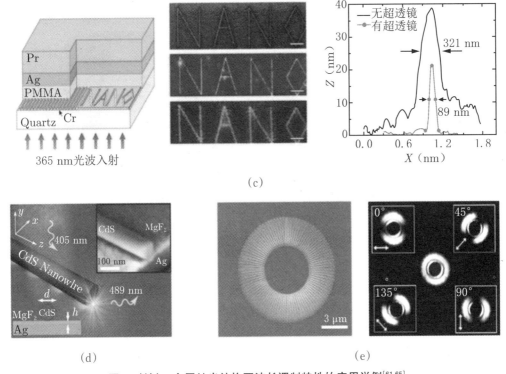

(c)

(d)　　　　　　　　　　　(e)

图1.8(续)　金属纳米结构亚波长调制特性的应用举例[61-65]

1.4　光吸收增强特性

对金属纳米结构的光吸收增强特性的研究已近20年,这一现象较早发现于金属纳米颗粒结构中。1996年Howard R. Stuart等人将大小为十多纳米的金属颗粒放置于一透明的玻璃表面,发现在可见光范围内,金属颗粒的存在使玻璃的透过率大幅下降,利用这一特点,他们将这些金属颗粒加入一硅基光电探测器的表面,发现该器件在进行光强探测时,其光电流得到了显著的提高[66]。1999年S. Link等人将金和银以化学方法组合成大小约20 nm的合金颗粒群簇,其制作结构的电镜图如图1.9(a)所示,该结构的吸收光谱如图1.9(b)所示,可以发现其在近紫外到可见光波段范围内具有明显的吸收特性,且其吸收峰的位置随两种金属含量的不同而变化[67]。从这一结果不难发现以金属纳米结构进行光吸收的优点:利用很薄的金属纳米结构即可获得非常高的光吸收效率,而且吸收的波段位置可以根据不同的需要进行调整。

要实现高效率的光波吸收,需满足两个条件:一是减少光波的表面反射;二是将进入结构内部的光能量锁住,使其无法溢出。大量研究表明,金属纳米结构的吸收增强特性产生的原因是结构内部的电磁场共振。在共振条件下,一方面,金属纳米结构的表面阻抗将与自由空间形成匹配关系,从而减小反射,使绝大部分光能量进入结构内部;另一方面,结构激发的电磁谐振使光在结构内部来回振荡而难以溢出,从而达到高效的光吸收增强效果。

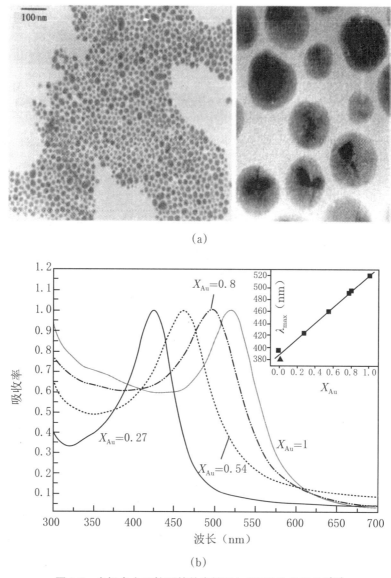

(a)

(b)

图1.9　金银合金颗粒群簇的电镜图(a)和吸收光谱(b)[67]

由于金属纳米结构可在很薄的器件中实现非常高效的吸收,因此其应用主要集中在光电子薄膜器件中,包括光电探测器和薄膜太阳能电池等。如图1.10(彩图1)所示,图(a)为2011年 *Nature Communication* 报道的一个基于金属纳米光栅光吸收增强的石墨烯光电探测器[68]。图1.10(a)左图中的蓝色部分为产生光电流的石墨烯,橙色部分为金属电极,金属电极的中间部分为光栅增强结构,该图同时展示了其在不同波长和偏振态的光波入射下的场分布情况。图1.10(a)右图为探测到的光电流的结果,表明金属纳米光栅的存在使光电流在500 nm附近增强了近20倍,这一波长与其谐振最强的波长位置是一致的。图1.10(b)为金属纳米结构的光吸收增强特性在一有机薄膜太阳能电池中的应用[69],左图表示金属纳米颗粒位于该太阳能电池的空穴注入层中,当入射光波激发了该结构的电磁谐振时,将增加太阳能电池对光的吸收,从而提高其光电转换效率。图 1.10(b)中的两曲线图分别表示太阳能电池的电压-电流密度曲线和量子转换效率的实验结果,通过与参考电池的对比不难发现,金属纳米结构的光吸收增强效应使电池的开路电压和量子转换效率均明显增加。

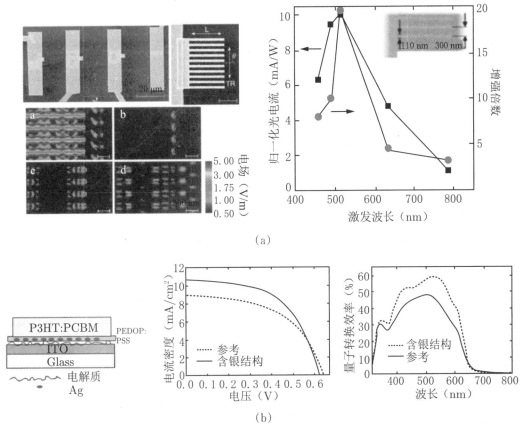

(a)

(b)

图 1.10　金属纳米结构光吸收增强特性的应用[68-69]

(a) 石墨烯光电探测器;(b) 有机薄膜太阳能电池

正因金属纳米结构的光吸收增强特性具有以上良好的应用前景,所以这一研究领域成为了热点,如何获得更高的光吸收效率和更宽的吸收波段成为了这一研究方向两大追逐点。从前面的描述中已经知道,吸收增强的获得是由金属纳米结构内部的电磁谐振引起的,因此,吸收增强特性研究的核心是研究和设计谐振结构。

2008 年 D. R. Smith 团队报道了一种基于开口环的由金属-介质-金属三层结构构成的谐振结构[70],如图 1.11(a)所示。他们发现在这一结构中,调节结构参数,可使其在同一频点同时实现开口环谐振和两层金属间的耦合谐振,使其对电磁波的反射和透射均降到很低,从而使该结构对电磁波的吸收接近 100%,如图 1.11(b)所示,此时整个器件的厚度仅为波长的一半。这一工作开启了以三层结构构建完美吸收金属纳米结构的研究热潮。

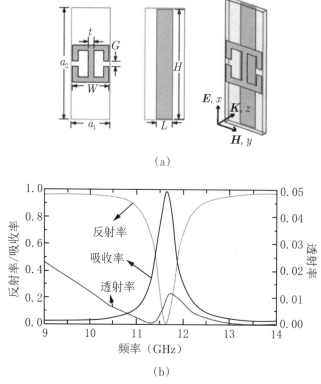

(a)

(b)

图 1.11　完美吸收人工结构材料[70]

对于以上结果,由于谐振的频点是单一的,因此其吸收的带宽较窄,在应用中将受到很大限制,如何增大其吸收带宽,成为了人们关注的焦点。2009 年 Chenggang Hu 等人基于三层结构谐振增强光吸收的思想,构建了如图 1.12(a)所示的同时具有两种周期的纳米孔结构,使两个周期的孔所激发的谐振频率不同,由于每一个谐振频率都可引起一定带宽的高效吸收,将两个谐振频率靠近,可使两个吸收谱叠加,从而使整个结构的吸收带宽变宽,其叠加结果如图 1.12(a)的右图所示[71-72]。随后,2011 年 Koray Aydin 等人利用这一多谐振增加吸收带宽的思想,设计了如图 1.12(b)所示的参数渐变的吸收金属纳米结构,利用其结构参数的渐变连续调节其电磁谐振频率,通过组合使其在整体上获得带宽的高效吸收[73]。图 1.12(b)左图为该结构的示意图和制作结构的电镜结果,右图为获得的宽光谱吸收结果,这一结果显示其在 450 nm 至 650 nm 的波段内均具有很高的光吸收效率。然而,这一结构是通过多参数激发多谐振的方式来增大吸收带宽,由于其结构参数是在一个平面内变化,所以其每一个频点所响应的结构面积减小,从而导致这一频点的吸收率较单一参数的情况有所下降,因此,这一增大带宽的方式将牺牲一定的吸收效率。

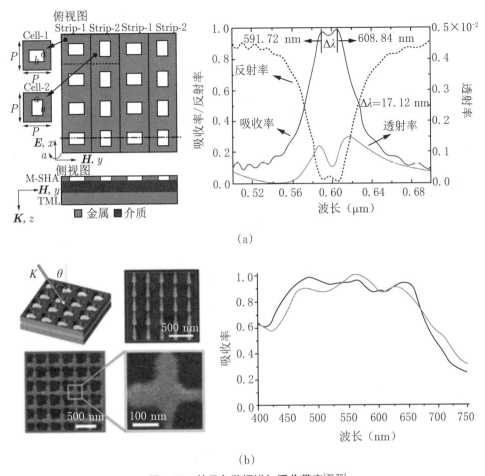

(a)

(b)

图 1.12　基于多谐振增加吸收带宽[72-73]

经过二十年左右的发展,基于金属纳米结构的纳米光子学已成为光学领域一门非常重要的学科,成为了突破传统光学诸多限制的有效途径之一。在各国科学家的共同努力下,人们对其基本的光学性质已有丰富的了解,这为其应用打下了坚实的理论基础。

第2章　金属纳米结构光场增强理论基础

由于本书研究的纳米光子器件以金属纳米结构构成,因此本章将首先介绍金属材料的光学参数,明确其与一般光学材料的不同之处。然后简要介绍金属纳米结构的研究手段,包括理论解析方法和数值计算方法,这些方法在本书所述的工作中都将用到。最后介绍几种金属纳米结构电磁增强特性的理论模型,为本书中纳米光子器件的研究工作提供理论依据和支撑。

2.1　金属材料的光学参数

光学材料最重要的光学参数为材料的折射率,在考虑光波的场效应时,则习惯采用介电常数来表征材料的电磁特性。一般情况下,由于材料的磁导率近似为1,因此介电常数 ε 与折射率 n 之间的关系满足 $\varepsilon = n^2 = (n_0 + ik)^2$。对于纳米尺度下的金属,其场效应占主导地位,因此在本书中以介电常数来描述金属材料的光学性质。

在不同的频率下,金属材料介电常数存在很大的差异,其是一种色散性极大的材料。现有的较为全面的描述金属材料光学介电常数的资料有 Palik [74]和 Johnson 等人[75]通过部分实验总结得到的两个版本,这两个版本成为了后来进行金属色散特性研究的主要参考对象。由于实际的实验数据在进行理论分析时存在诸多不便,因此,在理论分析中常将金属材料的介电常数用具体的数学模型表示。

在很宽的频率范围内,金属的介电常数都可以近似用等离子体模型来描述,金属中的自由电子可以看成受固定正离子约束的自由电子气,这些电子在外加电磁场的驱动下振荡,同时又由于电子之间存在碰撞,因此这一振荡是阻尼的,其碰撞频率为 $\gamma = 1/\tau$。其中 τ 表示自由电子的弛豫时间,这一时间在室温下的典型量级为 10^{-14} s;相应地 γ 大约为 100 THz。

在等离子体模型中,一个电子在外加电场 E 驱动下的运动方程可写成如下形式:

$$mx'' + m\gamma x' = -eE \tag{2.1}$$

其中 m 表示电子质量,e 表示电子的电量,x 表示电子的位置。当外加电场为具有一定频率的时变场时,$E(t) = E_0 e^{-i\omega t}$。此时对于方程(2.1),一个典型解的形式为 $x(t) = x_0 e^{-i\omega t}$,其幅度 x_0 为包含相位的复数,将其代入方程(2.1)中可得

$$x(t) = \frac{e}{m(\omega^2 + i\omega\gamma)} E(t) \tag{2.2}$$

电子位移引起的极化量可表示为 $P = -nex$,其中 n 为电子的密度,将其代入公式(2.2)可得到如下形式:

$$P = -\frac{ne^2}{m(\omega^2 + i\omega\gamma)}E \tag{2.3}$$

由于极化量与电位移矢量之间存在如下关系:

$$D = \varepsilon_0 E + P \tag{2.4}$$

将方程(2.3)代入方程(2.4)中,得到如下关系:

$$D = \varepsilon_0 \left(1 - \frac{\omega_p^2}{\omega^2 + i\omega\gamma}\right)E \tag{2.5}$$

其中 $\omega_p = \dfrac{ne^2}{\varepsilon_0 m}$ 为金属中自由电子气的等离子体频率,通过方程(2.5)即得到了介电常数的数学模型

$$\varepsilon(\omega) = 1 - \frac{\omega_p^2}{\omega^2 + i\omega\gamma} \tag{2.6}$$

由于这一模型是将金属中的电子假设为理想的自由电子得到的,因此与实际情况存在一定的差异。在实际的金属中,除了自由电子外,还有正离子中心,正离子中心的影响可在方程(2.4)中加入极化量 $P_\infty = \varepsilon_0(\varepsilon_\infty - 1)E$,其中 ε_∞ 为一个常数,由此方程(2.6)将变为

$$\varepsilon(\omega) = \varepsilon_\infty - \frac{\omega_p^2}{\omega^2 + i\omega\gamma} \tag{2.7}$$

这一描述金属光学介电常数的模型也称为 Drude 模型。以金属银[76]为例,公式(2.7)中的几个参数分别为:$\varepsilon_\infty = 4.2$,$\omega_p = 1.34639 \times 10^{16}$,$\gamma = 9.61712 \times 10^{13}$。图 2.1 给出了该模型与 Palik 所总结的实验结果的对比情况,从图 2.1(a)中可以看出 Drude 模型所描述的银的介电常数的实部与其实验值吻合很好,从图 2.1(b)可以得到 Drude 模型所描述的银的介电常数的虚部与实验值基本是一致的。这说明使用 Drude 模型来描述金属的光学参数是基本准确的,能较好地反映其随频率变化的相关规律。

描述金属介电常数的数学模型还包括 Debye 模型和 Lorentz 模型,鉴于 Drude 模型已可较准确地反映金属在光波波段的光学特性,在本书的研究工作中将主要采用这一模型或 Palik 的实验值进行金属纳米结构光学性质的分析,这里不再对其他模型进行介绍。

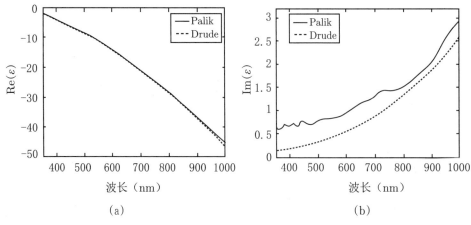

图2.1　Drude模型与金属银介电常数的实验值对比

图2.1(a)同时反映了另一个非常重要的信息,与常规的光学材料的介电常数相反,金属介电常数的实部在光波波段为负值,且频率越低,其绝对值越大。正是这一差异的存在,导致了金属纳米结构具有如第1章所述的各种奇异光学特性。

2.2　研究方法

金属纳米结构光学特性的研究方法主要有两大类,即解析方法和数值计算方法,这两种方法各有特色,在本书的研究工作中都将用到,下面将对这两种方法进行简单介绍。

2.2.1　解析方法

解析方法是指通过严格的数学模型来描述金属纳米结构对光波的调控或响应,具体的操作方法是通过基本的物理规律,结合具体的金属纳米结构,通过建立偏微分方程或积分方程,设置合适的边界条件,然后通过数学求解的方式得出结果。在金属纳米结构与光场相互作用的研究中,所采用的基本物理规律主要为可完美描述电磁场的Maxwell方程组,同时结合几何光学、物理光学发展起来的部分理论,如光的传输、干涉等行为的数学描述。

解析方法是物理研究领域非常重要的研究方法,在金属纳米光子学中,其优点在于可反映光波与金属纳米结构作用的物理本质规律,同时可为实际问题的解决提供直接的理论指导。然而,严格的理论解析目前只能解决非常简单的问题,而自然界中的实际问题一般比较复杂,因此,现有的理论模型一般都是通过恰当的近似得到的。

2.2.2　数值计算方法

对于金属纳米结构中的实际问题,由于结构种类千变万化,形式多种多样,因此绝大部分情况很难获得哪怕近似的理论模型,这使得该领域的研究在20世纪受到了很大的限制。随着计算机技术的蓬勃发展,计算机的计算能力越来越强,数值计算方法得到了大规模的应用,在21世纪初迅速成为了金属纳米结构与光波之间相互作用的理论研究和结构设计的常规手段。

金属纳米光子学的数值计算方法是基于Maxwell方程组,将研究对象划分成若干个子区域,每一个子区域内的场近似为均匀的场,子区域之间则将微分简化为差分,积分简化为求和,通过这样的处理将复杂的问题简单化,然后利用计算机庞大的运算功能对所有的子区域进行计算,以获得与实际结果接近的计算结果。

数值计算方法的优点在于将很大一部分工作交给了计算机来完成,无需建立具体的数学模型,研究人员只需将具体的结构形式和约束条件输入电脑中即可完成相应的工作。这不仅降低了对研究人员的要求,还提升了效率,为金属纳米光子学的快速发展奠定了非常重要的技术基础。现有的数值计算方法包括有限时域差分法、有限时域积分法、有限元法、严格耦合波近似和离散偶极子近似等。基于这些方法市场上已开发了多种商业模拟软件,如基于有限元法的COMSOL的射频模块,基于有限时域差分法的FDTD Solutions、OptiFDTD、XFDTD等,在本书中主要采用的数值模拟软件为FDTD Solutions。

2.3　典型结构的理论模型

金属纳米结构与光场相互作用的理论模型对纳米光子器件的研究与应用开发具有非常明显的指导意义,在本节中,我们将介绍几种基础金属结构的理论模型。

在本书所关注的光学频率范围内,由于金属中自由电子的能级水平与室温下热激子能量存在较大差异,且不存在带间效应,哪怕金属结构的尺度达到几个纳米的量级,也可以不用考虑量子效应的影响;因此在进行金属纳米结构与光场相互作用的理论分析过程中,可直接采用经典的电磁理论,即Maxwell电磁理论。下面给出Maxwell方程组的微分形式:

$$\nabla \cdot D = \rho \tag{2.8}$$

$$\nabla \cdot B = 0 \tag{2.9}$$

$$\nabla \times E = -\frac{\partial B}{\partial t} \tag{2.10}$$

$$\nabla \times H = J + \frac{\partial D}{\partial t} \tag{2.11}$$

在以上方程中,存在如下三个本构关系:

$$D = \varepsilon_0 \varepsilon E, \quad B = \mu_0 \mu H, \quad J = \sigma E$$

这一理论体系构成了金属纳米结构与光场相互作用的理论分析与模型建立的基础,在下面的章节中将会用到。

2.3.1　金属界面的色散模型

水平的金属界面是最简单的结构形式,我们将首先对其电磁理论模型进行分析。

在没有外加电荷和外在电流的情况下,对方程(2.10)取旋度,并将方程(2.11)代入其中,可得到如下形式($\mu = 1$):

$$\nabla \times \nabla \times E = -\mu_0 \frac{\partial^2 D}{\partial^2 t} \tag{2.12}$$

假设电场为时变场,即$E(r, t) = E(r)\mathrm{e}^{-\mathrm{i}\omega t}$,且$\varepsilon$是各向同性的,则由方程(2.12)可推导出如下的Helmholtz方程:

$$\nabla^2 E + k_0^2 \varepsilon E = 0 \tag{2.13}$$

其中$k_0 = \omega/c$表示真空中的波数。当波仅沿x方向传播时,其传播常数$\beta = k_x$,此时时变电场的幅度可描述为$E(r) = E(x, y, z) = E(z)\mathrm{e}^{\mathrm{i}\beta x}$,将其代入方程(2.13)中,将得到如下的波动方程:

$$\frac{\partial^2 E(z)}{\partial z^2} + (k_0^2 \varepsilon - \beta^2) E = 0 \tag{2.14}$$

该方程是研究金属纳米结构中波传播性质的基本方程,对于磁场H而言,存在一个形式相同的波动方程

$$\frac{\partial^2 H(z)}{\partial z^2} + (k_0^2 \varepsilon - \beta^2) H = 0 \tag{2.15}$$

对于Maxwell方程中的两个旋度方程(2.10)和(2.11)可展开成标量的形式,由于电场E和磁场H分别有x, y, z三个分量,其标量方程一共有六个。在波沿x方向传播的情况下,$\frac{\partial}{\partial x} = \mathrm{i}\beta$,且场在$y$方向上是恒定的,即$\frac{\partial}{\partial y} = 0$,因此方程(2.10)的标量形式为

$$\frac{\partial E_y}{\partial z} = -\mathrm{i}\omega\mu_0 H_x \tag{2.16}$$

$$\frac{\partial E_x}{\partial z} - \mathrm{i}\beta E_z = \mathrm{i}\omega\mu_0 H_y \tag{2.17}$$

$$\mathrm{i}\beta E_y = \mathrm{i}\omega\mu_0 H_z \tag{2.18}$$

方程(2.11)的标量形式为

$$\frac{\partial H_y}{\partial z} = \mathrm{i}\omega\varepsilon_0\varepsilon E_x \tag{2.19}$$

$$\frac{\partial H_x}{\partial z} - \mathrm{i}\beta H_z = -\mathrm{i}\omega\varepsilon_0\varepsilon E_y \tag{2.20}$$

$$\mathrm{i}\beta H_y = -\mathrm{i}\omega\varepsilon_0\varepsilon E_z \tag{2.21}$$

从以上六个公式可以看出,其支持两种模式的波,一种是横磁(TM)模式,另一种是横电(TE)模式。相关的研究已表明,可激发金属中自由电子向表面集聚,形成奇异光学性质的是TM模式,在此模式下,只有E_x, E_z和H_y是非零的,因此,以上标量形式将简化为

$$E_x = -\mathrm{i}\frac{1}{\omega\varepsilon_0\varepsilon}\frac{\partial H_y}{\partial z} \tag{2.22}$$

$$E_z = -\frac{\beta}{\omega\varepsilon_0\varepsilon}H_y \tag{2.23}$$

此时波动方程的标量形式为

$$\frac{\partial^2 H_y}{\partial z^2} + (k_0^2\varepsilon - \beta^2)H_y = 0 \tag{2.24}$$

该方程解的形式为

$$H_y = A\mathrm{e}^{\mathrm{i}\beta x}\mathrm{e}^{kz} + B\mathrm{e}^{\mathrm{i}\beta x}\mathrm{e}^{-kz} \tag{2.25}$$

其中 $k = \sqrt{\beta^2 - k_0^2\varepsilon}$ 表示 z 向的波矢,将公式(2.25)代入公式(2.22)和公式(2.23)中即可得到另外两个场分量的解。

对于如图2.2所示的半无限大金属界面,其场的分布将包含两个区域,且方程(2.25)中只存在一项,对于Ⅰ区域($z<0$):

$$H_y = A_1\mathrm{e}^{\mathrm{i}\beta x}\mathrm{e}^{k_1 z} \tag{2.26}$$

$$E_x = -\mathrm{i}A_1\frac{k_1}{\omega\varepsilon_0\varepsilon_1}\mathrm{e}^{\mathrm{i}\beta x}\mathrm{e}^{k_1 z} \tag{2.27}$$

$$E_z = -A_1\frac{\beta}{\omega\varepsilon_0\varepsilon_1}\mathrm{e}^{\mathrm{i}\beta x}\mathrm{e}^{k_1 z} \tag{2.28}$$

对于Ⅱ区域($z>0$):

$$H_y = B_2\mathrm{e}^{\mathrm{i}\beta x}\mathrm{e}^{-k_2 z} \tag{2.29}$$

$$E_x = \mathrm{i}B_2\frac{k_2}{\omega\varepsilon_0\varepsilon_2}\mathrm{e}^{\mathrm{i}\beta x}\mathrm{e}^{-k_2 z} \tag{2.30}$$

$$E_z = -B_2\frac{\beta}{\omega\varepsilon_0\varepsilon_2}\mathrm{e}^{\mathrm{i}\beta x}\mathrm{e}^{-k_2 z} \tag{2.31}$$

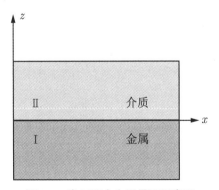

图2.2　半无限大金属界面示意图

在两个区域的边界上($z=0$),由于磁场强度 H_y 和电位移矢量 D_z 是连续的,将这两个条件加入到公式(2.26)～公式(2.31)中,则 $A_1 = B_2$,且

$$\frac{k_1}{\varepsilon_1} + \frac{k_2}{\varepsilon_2} = 0 \tag{2.32}$$

将k_1、k_2与传播常数β的关系代入公式(2.32)中,得到如下规律:

$$\beta = k_0 \sqrt{\frac{\varepsilon_1 \varepsilon_2}{\varepsilon_1 + \varepsilon_2}} \tag{2.33}$$

这一公式即为平面金属界面的色散模型,我们将在金属纳米光子器件的研究中用到这一理论模型。

2.3.2　金属狭缝的场增强模型

在半无限大金属界面结构的基础上,若将其中一层材料减小为有限的厚度,则有两种情况,一种是金属的厚度是有限的,另一种则是介质。当介质为有限厚度时,将形成如图2.3所示的金属狭缝结构,下面我们将对其基本理论规律进行分析。

对于图2.3中的三个区域,其场分布可根据方程(2.25)写出。由于Ⅰ区域中场的方程与半无限大金属平面中Ⅰ区域的情况相同,因此其场分布仍满足方程(2.26)~方程(2.28)的形式,这里不再重复。对于Ⅱ区域($0 < z < d$):

$$H_y = A_2 e^{i\beta x} e^{k_z z} + B_2 e^{i\beta x} e^{-k_z z} \tag{2.34}$$

$$E_x = -A_2 \frac{k_2}{\omega \varepsilon_0 \varepsilon_2} e^{i\beta x} e^{k_z z} + iB_2 \frac{k_2}{\omega \varepsilon_0 \varepsilon_2} e^{i\beta x} e^{-k_z z} \tag{2.35}$$

$$E_z = A_2 \frac{\beta}{\omega \varepsilon_0 \varepsilon_2} e^{i\beta x} e^{k_z z} + B_2 \frac{\beta}{\omega \varepsilon_0 \varepsilon_2} e^{i\beta x} e^{-k_z z} \tag{2.36}$$

对于Ⅲ区域($z > d$):

$$H_y = B_3 e^{i\beta x} e^{-k_z z} \tag{2.37}$$

$$E_x = iB_3 \frac{k_3}{\omega \varepsilon_0 \varepsilon_3} e^{i\beta x} e^{-k_z z} \tag{2.38}$$

$$E_z = -B_3 \frac{\beta}{\omega \varepsilon_0 \varepsilon_3} e^{i\beta x} e^{-k_z z} \tag{2.39}$$

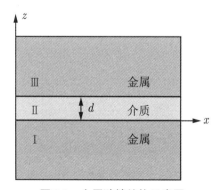

图2.3　金属狭缝结构示意图

此时存在两个边界,分别为$z = 0$和$z = d$,在这两个边界上,将磁场强度H_y和电位移矢量D_z的连续性约束代入方程(2.26)~方程(2.28)和方程(2.34)~方程(2.39)中,可求得如下关系:

$$e^{-2k_2d} = \frac{k_2/\varepsilon_2 + k_1/\varepsilon_1}{k_2/\varepsilon_2 - k_1/\varepsilon_1} \frac{k_2/\varepsilon_2 + k_3/\varepsilon_3}{k_2/\varepsilon_2 - k_3/\varepsilon_3} \tag{2.40}$$

因 I 区域和 III 区域都为金属,则取 $k_3 = k_1, \varepsilon_3 = \varepsilon_1$,有

$$e^{-k_2d} = \frac{k_2/\varepsilon_2 + k_1/\varepsilon_1}{k_2/\varepsilon_2 - k_1/\varepsilon_1} \tag{2.41}$$

由于 $k_i^2 = \beta^2 - k_0^2 \varepsilon_i$,当 β 的值较大时,可近似地认为 $k_i = \beta$,此时公式(2.41)简化为

$$e^{-\beta d} = \frac{\varepsilon_1 + \varepsilon_2}{\varepsilon_1 - \varepsilon_2} \tag{2.42}$$

根据公式(2.42)所推出的色散模型,以银作为图2.3中的金属材料,介质选择空气,获得其金属狭缝在不同间距下的色散关系如图2.4所示。从该图可以看出,金属狭缝中存在的光波模式的传播常数 β 远大于其在介质中的情况,且随着频率的增加,其传播常数与自由空间的差异随之增大。另一个重要的特征是,同一频率下,金属狭缝的间距越小,其狭缝中存在的模式的传播常数越大,所对应的等效折射率 n_{eff} 越大(其中 $n_{eff} = \beta/k_0$),等效波长 λ_{eff} 越小。

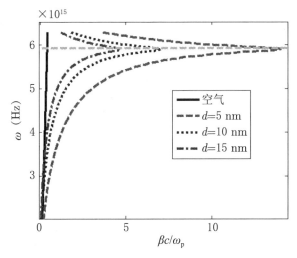

图2.4　不同间距金属狭缝的色散关系图

对于金属狭缝中存在的模式,将其近似为Fabry-Perot振荡模式,则其最大的电场能量强度与其腔模的光子密度成正比[77],即

$$|E_{max}|^2 \propto Q/V \tag{2.43}$$

其中 Q 为品质因数,V 为模式体积。由于金属狭缝中模式的损耗是由金属的吸收引起的,因此其品质因数与 $Re(n_{eff})/2Im(n_{eff})$ 成正比;由于 n_{eff} 的实部和虚部是同时变化的,因此忽略 Q 的影响。在常规光学介质材料中光波模式的最小体积可用衍射极限表示,即

$$V_{min} = (\lambda_0/2n)^3 \tag{2.44}$$

将其中折射率换成金属狭缝中模式的等效折射率,则可获得金属狭缝中模式的最小体积。

回到方程(2.42),若只考虑一个频率的情况,则该方程的右边部分为常数,因此可得到一个简单的关系,即

$$\beta d = C \tag{2.45}$$

其中C为常数,将其代入公式(2.43)和公式(2.44)中,将得到如下关系:

$$|E_{\max}|^2 \propto Q\left(\frac{2C}{\lambda_0 dk_0}\right)^3 \tag{2.46}$$

这一公式说明金属狭缝中最大电场能量强度与狭缝间距之间为3次方的倒数关系,因此,当金属狭缝的间距减小时,将引起其内部模式电场能量强度的急剧上升。这一性质为本书部分纳米光子器件研究的重要依据。

2.3.3　金属粒子的局域增强模型

粒子的基本结构形式是球,下面我们将对金属球中的场特性进行分析。考虑一个处于各向同性介质中的半径为a,介电常数为ε_1的金属球,如图2.5所示。

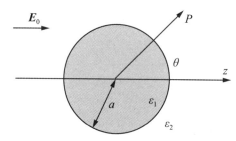

图2.5　金属球在静态场中的示意图

当金属球处于亚波长量级时,其外加场可近似为一静电场E_0,电场方向与z向平行,则该情况下其势能满足拉普拉斯方程,即$\nabla^2\phi=0$,基于球的对称性,该方程解的形式如下:

$$\phi(r,\theta)=\sum_{l=0}^{\infty}\left[A_l r^l + B_l r^{-(l+1)}\right]P_l(\cos\theta) \tag{2.47}$$

其中$P_l(\cos\theta)$为Legendre多项式,l为Legendre多项式的级次,θ为P与z轴的夹角。由于整个区域内的势能是有限的,因此可将其解分成两部分:

$$\phi_{\text{in}}(r,\theta)=\sum_{l=0}^{\infty}A_l r^l P_l(\cos\theta) \tag{2.48}$$

$$\phi_{\text{out}}(r,\theta)=\sum_{l=0}^{\infty}\left[B_l r^l + C_l r^{-(l+1)}\right]P_l(\cos\theta) \tag{2.49}$$

在该问题中,存在两个边界条件,当$r\to\infty$时,$\phi_{\text{out}}\to -E_0 z=-E_0 r\cos\theta$,这要求$B_1=-E_0$,$B_l=0(l\neq1)$。当$r=a$时,切向电场保持连续,因此

$$-\frac{1}{a}\frac{\partial\phi_{\text{in}}}{\partial\theta}\bigg|_{r=a}=-\frac{1}{a}\frac{\partial\phi_{\text{out}}}{\partial\theta}\bigg|_{r=a} \tag{2.50}$$

同时法向的电矢量连续:

$$-\varepsilon_0\varepsilon_1\frac{\partial\phi_{\text{in}}}{\partial r}\bigg|_{r=a}=-\varepsilon_0\varepsilon_2\frac{\partial\phi_{\text{out}}}{\partial r}\bigg|_{r=a} \tag{2.51}$$

将这两个方程代入公式(2.48)和公式(2.49)中,可解得$A_l=C_l=0(l\neq1)$,再求解剩下的系

数,得到势能为

$$\phi_{in}(r,\theta)=-\frac{3\varepsilon_2}{\varepsilon_1+2\varepsilon_2}E_0 r\cos\theta \tag{2.52}$$

$$\phi_{out}(r,\theta)=-E_0 r\cos\theta+\frac{\varepsilon_1-\varepsilon_2}{\varepsilon_1+2\varepsilon_2}E_0 a^3\frac{\cos\theta}{r^2} \tag{2.53}$$

对于公式(2.53),其前面一项表示外加场,后面一项则是由电极化引起的,因此可将公式(2.53)写为如下形式:

$$\phi_{out}=-E_0 r\cos\theta+\frac{\boldsymbol{p}\cdot\boldsymbol{r}}{4\pi\varepsilon_0\varepsilon_2 r^3} \tag{2.54}$$

其中

$$\boldsymbol{p}=4\pi\varepsilon_0\varepsilon_2 a^3\frac{\varepsilon_1-\varepsilon_2}{\varepsilon_1+2\varepsilon_2}E_0 \tag{2.55}$$

再根据电场与势能之间的关系$\boldsymbol{E}=-\nabla\phi$,写出整个空间中的电场分布,即

$$E_{in}=\frac{3\varepsilon_2}{\varepsilon_1+2\varepsilon_2}E_0 \tag{2.56}$$

$$E_{out}=E_0+\frac{3\boldsymbol{n}(\boldsymbol{n}\cdot\boldsymbol{p})-\boldsymbol{p}}{4\pi\varepsilon_0\varepsilon_2}\frac{1}{r^3} \tag{2.57}$$

其中$\boldsymbol{n}$表示法向单位矢量。

对于介质中金属的极化,若定义一个极化系数χ,则$\boldsymbol{p}=\varepsilon_0\varepsilon_2\chi E_0$,将其代入公式(2.55)中,可得

$$\chi=4\pi a^3\frac{\varepsilon_1-\varepsilon_2}{\varepsilon_1+2\varepsilon_2} \tag{2.58}$$

这一公式表明,当$|\varepsilon_1+2\varepsilon_2|$最小时,其极化系数将达到最大,从而产生共振,在此共振条件下,由公式(2.55)和公式(2.56)可得到金属的极化电场和金属内部电场都将达到最大,由此形成局域的增强场,这就是金属纳米粒子共振引起场增强的原因。

第3章　金属纳米结构光场增强技术

3.1　金属纳米薄膜结构的表面电磁模式

20世纪初,Wood发现电磁波在刻有光栅的金属表面上会产生异常的反射光谱[24]。这一发现促使人们对介质与金属界面的电磁波交互作用产生了极大的兴趣,不少科学家都试图对该现象作出合理的解释,其中Fano提出该现象与沿着金属表面传播的电磁波共振有着密切的联系[25],这得到多数科学家的认可。此后,进一步的研究发现,产生该现象的本质原因是光入射到金属纳米结构时,将激发其内部自由电子向金属表面积聚,并在入射电磁场的驱动下这些电子有规律地集体振荡,之后这一金属表面自由电子的集体振荡被人们称为表面等离子体激元(Surface Plasmon Polaritons, SPPs)。该激元所引起的振动强烈,这样,金属纳米结构有了强烈的电磁增强特性,并由此产生了各种奇异的光学性质,如金属表面几个数量级的场增强、环境折射率敏感性、光吸收的增强性以及超衍射的光调制性等。这些特点与传统光学相比,在性质上具有非常显著的差异,因此金属纳米结构在传感器、太阳能电池、超分辨光刻以及光路集成等领域具有广阔的应用前景,在过去的十多年一直是研究热点。

3.1.1　环境折射率敏感性质

金属薄膜的表面等离子体共振对环境折射率敏感这一特性在很早以前已被发现,然而一开始人们并不明白其中的原因,对表面等离子体共振有了详细的理论描述后,其隐藏在神秘面纱后的真相才被世人所知。

在第2章的理论模型中,我们推导了金属界面的色散模型,若将其中介质的光学常数用折射率n_d来表示,则方程(2.33)可写成如下形式:

$$\beta = k_0 \sqrt{\frac{\varepsilon_1}{\dfrac{\varepsilon_1}{n_d^2} + 1}} \tag{3.1}$$

在此方程中,可以看到表面等离子体波的传播常数是环境折射率n_d的函数,且由于金属的介电常数ε_1的实部为负值(见第2章2.1节),并在光波波段满足$|\mathrm{Re}(\varepsilon_1)| > n_d^2$,因此其传播常数与$n_d$之间的关系是单调的。两者之间的变化关系可通过对公式(3.1)取导数获得,即

$$\frac{\mathrm{d}\beta}{\mathrm{d}\theta} = k_0 \left(\frac{\varepsilon_1}{\varepsilon_1 + n_d^2} \right)^{3/2} \qquad (3.2)$$

在这一关系中,由于其分母的绝对值比分子的小,因此不难看出,折射率 n_d 的变化对表面等离子体共振的影响非常明显,再加上其单调关系,为其成为一种高灵敏的折射率传感技术奠定了非常重要的基础。在自然界中,微量物质的浓度变化、化学反应、生物分子中抗原抗体结合等现象都会引起微小的光学折射率变化,这一微小变化用常规手段很难检测或者检测精度不高,而利用金属薄膜结构对介质折射率的敏感特性发展起来的表面等离子体共振传感技术使这些微量物质或化学反应的检测成为了可能。

3.1.2　表面波性质

金属薄膜结构中光学行为的另一个特点是在金属表面的表面波,也称为表面等离子体波。首先,这一表面波只沿金属表面传播,在离开表面的方向上呈指数衰减。其次,根据方程(2.33),将波矢用波长表示,则

$$\frac{2\pi}{\lambda_{spp}} = \frac{2\pi}{\lambda_0} \sqrt{\frac{\varepsilon_1 \varepsilon_2}{\varepsilon_1 + \varepsilon_2}} \qquad (3.3)$$

其中 λ_{spp} 为表面波的波长。由这一公式可以获得一个重要信息 $\lambda_{spp} < \lambda_0$,即表面波的波长比其在自由空间的短。这奠定了金属薄膜结构亚波长特性的基础,为纳米光子器件的小型化提供了理论依据。

表面波与常规光学介质中光波除了有差异外,也拥有共性,如干涉、聚焦等光学行为,因此如何将其特性与共性结合,进行新型光子器件的设计,以实现对传统光学的突破,成为了人们关注的焦点。

3.2　金属纳米狭缝中的耦合共振增强特性

3.2.1　金属纳米狭缝耦合增强研究现状

在第 1 章 1.1 节中,我们简要介绍了金属纳米结构的场增强特性及其应用,其中提到金属纳米狭缝结构由于具有非常强的光场局域增强特性,在表面增强拉曼传感应用研究中被广泛采用。在第 2 章 2.3.2 小节中,对于这一结构形式中场局域增强的原因,我们从理论上进行了推导,通过求解基本的金属狭缝结构中的电磁模式,获得了最大电场能量强度与狭缝间距的关系式(详见公式(2.46))。从这一关系式中,可以看出当金属狭缝间距减小时,将引起其内部局域电场能量强度的迅速增加,这一现象已获得了大量研究的证实。基于这一原因,为了获得更强的局域场,各国科学家在最近几年的研究工作中一直致力于减小金属纳米狭

缝间距的工艺探索,使其尺度达到几十纳米甚至几纳米。正是金属狭缝结构中存在的这一特性使该方向成为了国际研究热点。

目前已报道的可获得金属纳米狭缝的工艺方法中,能使金属狭缝间距达到比较小的主要为化学合成或生长等方法。如2006年 Yuh-Lin Wang 小组在 *Advanced Materials* 上报道了一种在阳极氧化铝纳米孔上生长具有纳米间距的银颗粒的方法[78],由于阳极氧化铝的孔之间本身存在纳米尺度的间距,因此,当银颗粒在孔内生长后,形成的颗粒被纳米孔之间的壁隔开,由此使得银颗粒之间拥有了纳米间距。其制作结果如图3.1所示,其中图3.1(a)为阳极氧化铝纳米孔的电镜图;图3.1(c)为对应孔的大小的统计结果,可以看出孔的大小主要集中在25 nm,可见孔与孔之间的间距是很小的;图3.1(b)为生长了银纳米颗粒后的电镜图;图3.1(d)为相邻银颗粒之间间距的统计结果,这一结果显示银颗粒之间的间距以5 nm为中心,普遍都在10 nm以下;图3.1(e)为银纳米颗粒的透射电镜照片,更直观地展示了其颗粒间距的细节;图3.1(f)为银颗粒间距在15 nm时的结果。基于这一结构形式,作者获得了灵敏度非常高的表面增强拉曼传感芯片,其对罗丹明6G的检测限达到10^{-9} mol/L。

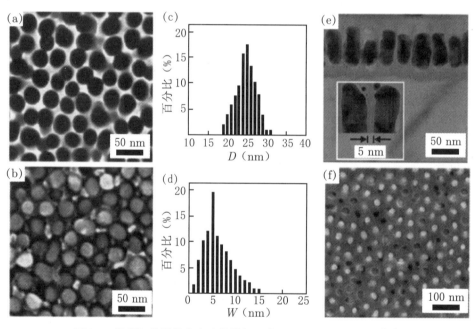

图3.1 阳极氧化铝基底上生长的间距在10 nm的银纳米颗粒[78]

随着技术的发展,化学方法可获得的金属纳米间距越来越小,2011年 Dong-Kwon Lim 等人在 *Nature Nanotechnology* 上报道了一种基于DNA技术的金纳米颗粒合成方法[79]。通过DNA分子引导金颗粒的合成,由于DNA分子的尺度本身非常小,因此在合成的金颗粒之间存在尺寸非常小的间距,其实验结果显示金属间距已小到近1 nm,结果如图3.2所示。其中图3.2(a)显示了其合成过程中的高分辨率电镜照片,从其测试结果可发现其金属间距仅有1.2 nm;图3.2(b)为通过仿真显示的这一结构的场增强效果,可以发现金属间隙中的局域场远远强于其他位置的;图3.2(c)为原子力显微镜下的结构分布情况,圆圈标示的位置即存在图3.2(a)所示的具有纳米间距的金颗粒。这一结构在场增强实验中,获得了10^8的增强效果,达到了单分子的探测灵敏度。

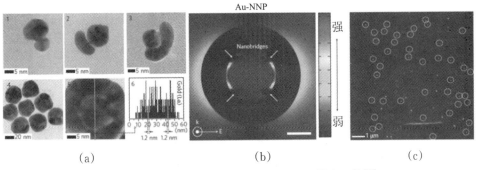

(a)　　　　　　　　(b)　　　　　　　　(c)

图3.2　基于DNA技术合成的间距近1 nm的金颗粒[79]

3.2.2　金属球壳纳米狭缝结构的仿真设计

我们将分析对象确定为如图3.3所示的结构,该结构内层为聚苯乙烯(Polystyrene, PS)介质,外层由包裹贵金属金的球壳组成,相邻的两球的球心距离用D表示,这一距离也是在自组装时所使用的PS球的直径大小,金属球壳的厚度用t表示,金属球壳纳米狭缝间距标记为g。对于这一二维平面阵列结构,我们采用FDTD仿真方法对其进行分析,在仿真设置中,使光波正入射到这一平面阵列上。

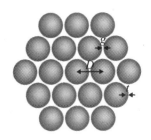

图3.3　金属球壳纳米狭缝阵列结构示意图

首先我们对这一结构的散射截面进行了研究,选择$D=620$ nm,$t=50$ nm,通过改变金属球壳纳米狭缝间距g的大小,获得其不同参数下的散射光谱;然后根据其结构周期大小,将其转换成散射截面,获得如图3.4所示的结果。这一结果显示,在700~850 nm的波段范围内,该结构存在一个明显的共振峰;且当g从10 nm增加到40 nm的过程中,其共振峰的位置发生了蓝移。这说明金属球壳纳米狭缝的间距对其结构内部的散射共振具有明显的影响。

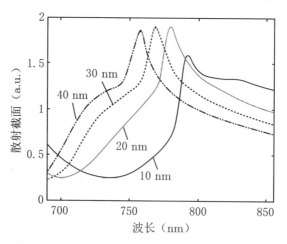

图3.4 金属球壳纳米狭缝间距 g 与散射光谱的关系

为了充分研究该结构中各参数对这一共振的影响规律,在不改变金属球壳厚度的情况下,我们采用相同的方法获得了不同PS球直径 D 和金属球壳纳米狭缝间距 g 下的散射截面光谱,并取得其共振峰的位置,结果如图3.5所示。该结果直观地反映了其变化关系,当PS球的直径增加时,其共振峰向长波方向移动,且基本呈线性变化;当金属球壳纳米狭缝间距逐渐增大时,其共振峰向短波方向移动,同样呈现出线性规律。这一规律表明,改变该结构的参数可以使其工作于需要的共振波长下。

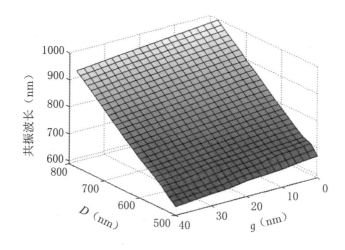

图3.5 PS球直径 D,金属球壳纳米狭缝间距 g 与共振峰之间的关系

为了进一步明确在这一谐振条件下,结构中各参数对光场局域增强能力的影响大小,我们对该结构中金属球壳狭缝处的最大局域电场能量强度进行仿真,结果如图3.6所示。其中图3.6(a)为PS球直径和金属球壳纳米狭缝间距对局域场的影响。从这一结果可以看出,金属球壳纳米狭缝间距越小,其局域场的能量强度越强,当狭缝的间距逐渐变大时,局域场能量强度呈指数衰减,这说明了金属球壳的纳米狭缝间距对其场局域增强的影响很大。另外,当PS球的直径变化时,其局域场的变化则不大,这说明在共振条件下,采用不同直径的PS球均可获得较好的增强效果。

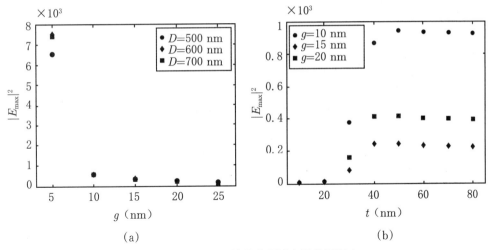

图3.6 共振波长下的最大局域电场能量强度

(a) D 和 g 的影响;(b) t 和 g 的影响

图3.6(b)给出了金属球壳厚度和金属球壳纳米狭缝间距与最大局域电场强度的关系。其结果显示,当金属球壳的厚度 t 小于30 nm时,其局域场的增强能力较弱,当超过30 nm后,$|E_{max}|^2$ 逐渐达到最大并保持恒定。产生这一现象的原因如下:金在光波波段的趋肤深度为20~30 nm,因此当金属球壳的厚度小于这一值时,光波将会穿透金属进入球壳内部,从而使金属球壳表面光波模式不能被有效激发,这样,两个相邻球壳之间无法在狭缝内产生有效的耦合共振,从而导致其局域场较弱;当金属球壳的厚度大于这一值时,其耦合共振作用开始变强,此时狭缝内的局域场将被显著增强。这一结果说明,为了获得较高的局域增强场,在结构制备的过程中,金属球壳的厚度不能小于40 nm。

为了直观地观察金属球壳纳米狭缝的耦合共振现象,我们进一步给出了在波长为785 nm,$D=600$ nm,$g=15$ nm,$t=50$ nm下该结构中的场分布情况,结果如图3.7所示。从图3.7(a)中的电场分布可看到,在金属球壳纳米狭缝中的电场强度远强于其他地方,这说明在狭缝中确实发生了耦合共振效应,这样的狭缝也被称为"热点"。图3.7(b)给出了相应的磁场分量 H_z 的分布情况,从这一结果中可明显看到在金属球壳狭缝的两侧,磁场强度最大,两侧的磁场方向相反,这说明磁场以狭缝为中心形成了闭环,即形成了谐振,这也证明了金属球壳纳米狭缝中激发了耦合谐振。

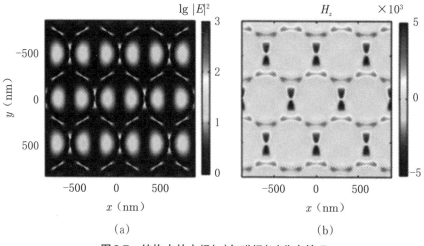

图3.7　结构中的电场(a)与磁场(b)分布情况

3.3　锥尖-粒子复合结构中的二次光增强效应

2009年Ashwin Gopinath等人报道了一种具有光增强效应的表面增强拉曼结构[80]。在其结构中,包含两种尺寸相差较大的金属颗粒,这两种颗粒组合成了一种复合金属纳米结构,其制作结果及仿真分析结果如图3.8所示。其中图3.8(a)为只有大尺寸金属粒子的制作结果,图3.8(b)为加入小尺寸粒子后的制作结果,后面几幅图为对应的仿真结果。从其场分布图可以看出,当两种不同尺寸的金属颗粒混合在一起时,小粒子随机地分布在大粒子的周围,这样使大粒子之间本来较大的间隙被小粒子填入,因此获得了更小的金属间距,从而使其对光场的局域增强能力提升。通过计算得到的场增强因子可以看出,这样的复合结构的增强因子可超过10^8。这一结果说明,金属复合结构对其光场局域增强性质具有明显的提升作用,其他类似的文献报道也证明了这一点[81]。

基于以上思想,我们提出了一种三维的金属锥尖-粒子复合结构来实现二次局域增强,实现对光场的超强局域增强。

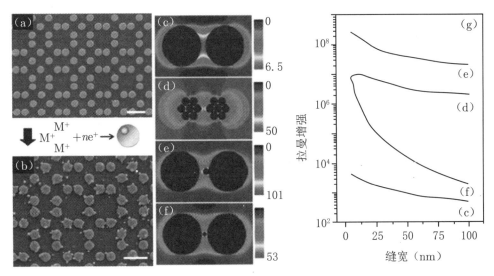

图3.8　不同尺寸金属粒子的复合结构及其局域增强[80]

3.3.1　基于锥尖−粒子复合结构二次局域增强的基本思想

我们所提出的金属锥尖−粒子复合结构如图3.9所示,该复合结构包括金属锥尖阵列和金属纳米粒子两部分。从该图中可以看出,其锥尖结构为在介质锥尖阵列上镀膜后形成,金属锥尖的顶端拥有一个纳米级的小口,在这个小口内,放置了一个方形的金属纳米颗粒。

对于金属粒子,我们在第1章1.1节已进行了相应的介绍,对于其对光场的局域增强特性已有丰富的研究成果,且得出结论,对于金属粒子,边缘越尖锐,其对光场的局域增强能力越强。在第2章2.3.3小节我们对基本的金属粒子的场增强特性的机理进行了理论推导,相关的内容均表明金属粒子能构成一种非常有效的光场局域增强结构。

对于金属锥尖结构,已有大量的研究表明其对于光波具有超衍射的聚焦性质,光学近场超分辨探针即基于这一性质发展而来,在金属锥尖的尖端,其超衍射聚焦的光斑是一增强的光场,这一性质我们在第1章1.3节也进行了相应的介绍。因此,在图3.9所示的结构中,金属锥尖将电磁波向z方向进行聚焦,使光波在金属锥尖的尖端形成初步的局域增强场。在这一结构中,光波聚焦的过程如下:光波照射到锥尖结构后,在其金属表面激发表面等离子体波,这一表面等离子体波如图3.9所示,将沿锥尖中的金属表面向尖端传输,由此即在尖端获得聚焦的增强场。当金属粒子处于金属锥尖的局域场中时,金属锥尖的局域增强场将再次激发金属粒子中的电磁局域模式,形成进一步的光场局域,从而使其光场的强度被进一步增强。经过这两个步骤之后,即实现了金属锥尖−粒子复合结构的二次局域增强。

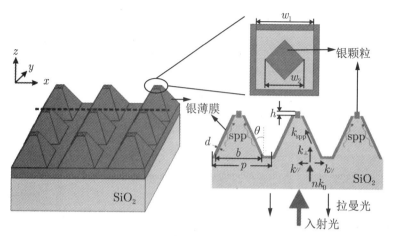

图3.9 金属锥尖-粒子复合结构示意图

3.3.2 金属锥尖结构的能量汇聚效应

我们首先对图3.9中金属锥尖的聚焦过程进行分析。这一结构包含中间的介质锥尖和外层的金属膜,中间介质为SiO_2,外层金属为银。当光波入射到结构表面时,对于一个锥尖而言,其两侧金属表面均会激发表面等离子体波,这两侧的表面等离子体波均向尖端传输,并在尖端处形成干涉,这一干涉在整个锥尖中将形成驻波,当锥尖的尖端正好处于驻波的波腹时,通过聚焦获得的初次局域场将达到最大。对于锥尖结构中存在于金属界面上的驻波满足如下的规律:

$$b/\sin\theta = (m+1/2)\lambda_{spp} \tag{3.4}$$

其中b为金属锥尖底部的宽度,θ为锥尖顶角的一半,m为驻波阶次,$\lambda_{spp}=2\pi/k_{spp}$为所激发的表面等离子体波的波长。从图3.9中可知,$k_{spp}=k_\perp\cos\theta$,由于金属锥尖是以阵列形式分布的,因此各波矢之间的关系如下:

$$n^2 k_0^2 = k_\parallel^2 + k_\perp^2 = \left(\frac{2\pi}{p}\right)^2 + k_\perp^2 \tag{3.5}$$

其中k_0为自由空间中的波矢,n为介质SiO_2的折射率,p为锥尖的分布周期。

对于这一锥尖结构,我们通过FDTD仿真获得了在不同的锥尖半角下透过其尖端开口处的能量大小,在仿真过程中,其参数设置如下:锥尖周期$p=1.05\ \mu m$,锥尖底部大小$b=1\ \mu m$,银层的厚度为20 nm,入射光波的波长为785 nm,仿真网格大小均为5 nm×5 nm×5 nm。相应的计算结果如图3.10所示。这一结果显示,在锥尖顶角变化时,其透过锥尖的能量共形成了4个峰值。从公式(3.4)可以看出,其所形成的驻波可具有不同的阶次,因此这4个峰值对应于不同阶次的驻波。为了验证这一点,我们将这四个峰值所对应的参数代入公式(3.4)和公式(3.5)中,得到其理论计算结果与仿真结果的对比如图3.10中插图所示。从中可以看出,仿真结果与理论结果得到的阶次变化和所对应的锥尖顶角的变化规律是一致的,两者在数值上存在微小差别,这一差别存在的原因在于理论模型中是将三维结构的锥尖等效为二维锥尖光栅来进行计算的,但其规律的一致性足以说明这一模型所描述的金属锥尖在尖端的聚焦局域过程是正确的。由于金属界面的电磁场在传输过程中存在损耗,因此在后面的分析中我们选择驻波阶次较小的情况,以减小其传输距离,对应这一结果,取 $m=2$,所对应的锥尖顶角的一半为 $\theta = 45.6°$。

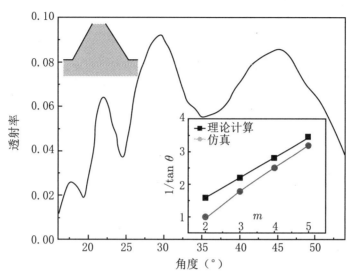

图3.10　金属锥尖结构的谐振规律

在完成了对金属锥尖结构尖端局域过程的理论分析并确定了锥尖顶角大小之后,我们将对其尖端初次局域场进行分析。通过仿真得到的结果如图3.11所示,其中纵坐标为尖端处的最大局域电场能量强度,横坐标为其尖端开口尺寸。从该结果中可以看出,当金属锥尖的尖端开口尺寸发生变化时,其最大局域电场能量强度也将形成不同的阶次分布,所标注的后三个阶次所对应的间距几乎是相等的。这一现象仍满足公式(3.4)所描述的驻波规律,即当开口的尺寸较大时,锥尖的高度较小,相当于表面等离子体波的传输距离较短,因此形成的将是低阶次的驻波;当开口尺寸变小时,则其阶次也相应增加,这也是后三个阶次之间间距相等的原因。然而,在这一结果中,我们看到除了所标注的三个驻波阶次外,当金属锥尖的尖端开口尺寸非常小时,还存在一个局域电场很强的峰值,这一峰值与后一阶次之间的间距非常小,不满足以上的驻波规律。这是由于金属锥尖的尖端开口尺寸太小,尖端部分两侧的电磁模式发生了类似于金属狭缝耦合的情况,因此我们将其称为耦合模式,从图中可以看出这一模式所形成的局域场也是最强的。基于这一原因,我们将选择这一参数进行下一步分析,其对应的开口尺寸为 $w_1 = 30$ nm。

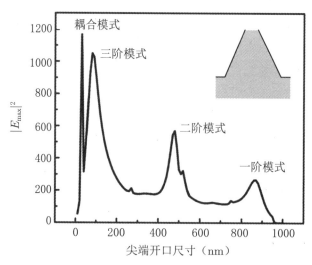

图3.11　金属锥尖结构的局域场与尖端开口尺寸的关系

在确定了以上结构参数后,我们对锥尖结构中的电场分布进行了仿真,获得的结果如图3.12所示,其中图3.12(a)为垂直截面下的电场分布和坡印廷矢量。首先,从场分布的情况可以看出,在金属界面上,其场强较强,这即为金属表面所激发的表面等离子体波;其次,从坡印廷矢量的方向可以看出,其光场能量正如我们所预期的一样沿着金属表面的内侧向尖端传输,并最终在尖端汇聚干涉,形成了增强的局域场。对于其局域场在尖端开口处的分布,图3.12(b)给出了水平面内的分布情况,从中可以看出能量主要集中于锥尖的开口处,并向四周逐渐衰减。

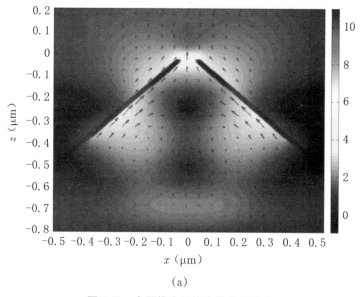

(a)

图3.12　金属锥尖结构中的电场分布

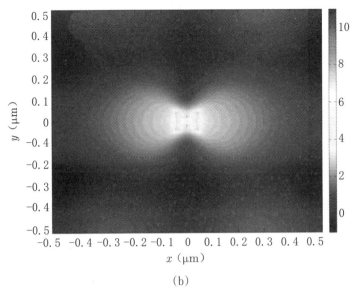

(b)

图 3.12(续)　金属锥尖结构中的电场分布

(a) 垂直截面;(b) 锥尖顶端水平面

3.3.3　二次局域增强效应分析

通过上一小节的分析,我们已经明确了金属锥尖结构所形成的初步局域增强场,在这一小节中,我们将在其尖端开口处加入金属颗粒,以进行二次局域增强。

我们加入的颗粒为四边形的银颗粒,首先对其加入锥尖后的局域增强情况进行分析,在分析过程中,我们将用电场的 4 次方对其进行表征,其关系为

$$EF_{\text{field}} = |E_{\text{loc}}/E_{\text{in}}|^4_{\max} \tag{3.6}$$

其中 E_{loc} 和 E_{in} 分别为其局域场和入射场的大小。

对于金属颗粒在金属锥尖中所处的位置 h 而言,其影响结果如图 3.13(a)所示。当 $h<0$ 时,表示金属颗粒埋于 SiO_2 介质中,此时其离锥尖尖端的初步局域场有一定距离,因此所获得的二次局域增强效果较差;当 $h=0$,即金属颗粒刚好处于开口位置时,金属锥尖的初次局域场可有效激发其产生二次局域增强,因此计算得到的 EF_{field} 最大;当 $h>0$,即金属颗粒向外延伸时,其尖锐边缘与金属锥尖初步局域场的距离逐渐增大,因此二次局域增强也相应减弱。

图 3.13(b)给出了金属颗粒的尺寸与其所激发的二次局域增强形成的场增强因子之间的关系。从中可以看出,金属颗粒的尺寸越大,场增强因子越强。这是由于金属锥尖的初次局域场主要集中在其尖端开口的边缘处,当金属颗粒尺寸越大时,其距离锥尖开口边缘越近,即所处空间中的初步局域场越强,相应地,激发的二次局域场也越强,所获得的场增强因子越高。

在图 3.13(c)中给出了金属颗粒厚度的影响规律,从这一结果可以看出,颗粒的厚度对其二次局域增强性质几乎不产生影响。

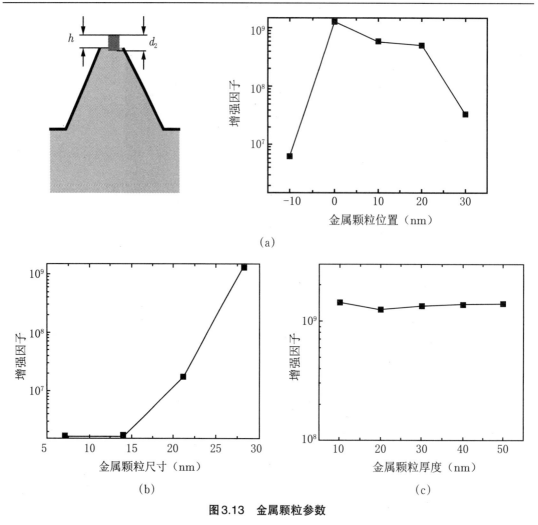

图 3.13　金属颗粒参数

（a）金属颗粒位置 h 与增强因子的关系；（b）金属颗粒尺寸 w_2 与增强因子的关系；（c）金属颗粒厚度 d_2 与增强因子的关系

在金属粒子二次局域增强情况下，其结构中的电场分布和坡印廷矢量如图 3.14 所示，其中图 3.14（a）为垂直截面的分布情况，图 3.14（b）为金属锥尖顶端水平面的分布情况。通过与图 3.12 的对比可以看出，加入金属粒子，对金属锥尖中的银表面的电磁模式和能量流动过程并未产生影响，只在其尖端形成了更强的局域场。因此金属粒子的二次局域增强对金属锥尖的初次局域的形成过程没有影响，这为二次增强结构的设计带来了很大的便利。

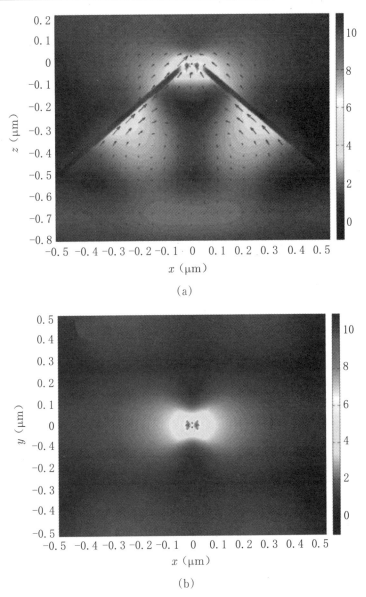

图3.14　金属锥尖-粒子复合结构中的电场分布

（a）垂直截面；（b）锥尖顶端水平面

经过以上分析可以得出，在最优的参数情况下，加入的金属颗粒与金属锥尖形成复合结构，其二次局域增强所形成的场增强因子超过了10^9。

第4章　基于巯基-烯材料的纳米压印技术

在光学曝光技术中,抗刻蚀剂又称光刻胶,是一种对紫外光(UV)、电子束、离子束、X射线敏感而发生聚合化学反应的材料[82],目前主要被应用于集成电路、太阳能电池、光子晶体、微透镜、生物芯片等光学和电子学器件制造领域。在纳米压印技术中,抗刻蚀剂被称为压印胶,基于压印的工艺过程,压印胶有两种用途。一种是作为图形转移层,功能类似于曝光技术中的光刻胶,在结构传递过程中作为图形掩模,之后被清除掉。另外一种是基于其自身的独特性能被赋予特殊功能,可直接作为器件使用,如聚合物材料的微纳光学元件以及具有生物相容性的橡胶微流道等。所以研究压印胶的材料性能以及开发新型的压印胶对于发展纳米压印技术具有非常重要的意义。

4.1　巯基-烯聚合反应机理

相对于高温高压的热压印技术,紫外光固化纳米压印技术可以在室温低压下完成,而在室温下处于液态的紫外光固化压印胶具有更好的性能调节灵活性,因此本章主要研究新型紫外光固化压印胶及其性能。

为了满足紫外光固化纳米压印工艺的需求,紫外光固化压印胶必须达到以下性能指标:

(1) 压印胶的黏度要低,流动性要好。一方面,在基片上压印胶的成膜厚度与黏度的平方根呈正线性关系。在压印工艺中,一般要求压印胶的厚度为十几纳米至几百纳米,所以压印胶的黏度必须在厘泊①量级。另一方面,为了保证压印胶涂覆后的膜层具有高均匀性和较低的表面粗糙度,以保证图形压印复制的精度,不均匀性一般控制在3%以下,表面粗糙度控制在10 nm以下;所以材料必须具备良好的流动性和成膜性,不会给压印图形带来不平整、气泡、局部残缺、灰尘、褶皱等缺陷而影响压印结构的质量。

(2) 压印胶的固化速率要快,曝光剂量要小。压印胶的固化速率直接决定着压印工艺的速度,是提高生产效率的关键,也是将纳米压印技术真正应用于图形批量复制的基础。

(3) 压印胶的杨氏模量要高。为了提高压印结构的分辨率和牢固性,压印胶必须具备较高的杨氏模量。尤其在制作小尺寸高深宽比纳米结构时,如果材料的杨氏模量较低,纳米结构就容易折断、塌陷和残缺。

(4) 压印胶的体积收缩率要低。为了提高压印工艺的保真度和结构制备的精度,压印

---

① 厘泊是黏度的单位,单位符号为cP,1 cP=0.1 P=10^{-3} Pa•s。

胶固化后的体积收缩率要低,一般小于5%。

(5) 压印胶对模板和基底的黏附力不对等。在压印工艺中的顺利脱模是结构复制的核心。一方面,为了减小模板的黏附力,一般是压印前在模板表面涂覆一层防黏层或者通过化学反应过程形成一层防黏分子层,以降低模板与压印胶的黏合力。另一方面,在涂覆压印胶前在基底材料上涂上一层增黏剂,增加压印胶与基底的黏合力。所以,为了保护压印模板和结构,压印胶对基底的黏合力要大于与模板的黏合力。

(6) 压印胶要具备较高的抗刻蚀性能。当压印胶在压印工艺中只是作为图形转移层使用时,为了实现图形的刻蚀传递过程,压印胶掩模需要有较好的抗刻蚀性,尽量提高与基底材料的刻蚀选择比,提高制作更大深度结构的能力。

为了获得满足压印工艺需求的紫外光固化压印胶,我们从紫外光聚合机理开展研究。按照光聚合引发体系,紫外光聚合反应可以分为自由基聚合、阳离子聚合以及混杂光聚合反应[83]。根据聚合反应机理以及压印需求,目前占主导地位的紫外光固化材料有丙烯酸酯、环氧丙烷树脂和乙烯基醚。其中丙烯酸酯类的压印胶的固化机理属于自由基聚合反应,具备自由基聚合反应的优势,因此具有黏度低、反应速率快、强度高、抗刻蚀性高、表面张力较低等特点,是目前纳米压印技术中使用最广泛的压印胶[84-86]。

但是由于自由基反应具有氧阻效应、体积收缩率大、残留物较多等缺陷,所以丙烯酸酯在压印工艺中的应用受到了一定的限制。为了消除氧阻效应的影响,必须增长光照时间或者提供无氧的操作环境,这就增加了制作设备的成本和复杂性。基于阳离子聚合反应机理的乙烯基醚不受氧气的阻聚作用,在空气中也可以快速地固化,最早由G. Willson研究小组研制使用。相对于丙烯酸酯,乙烯基醚具有更低的黏度,保证在涂覆时有更好的成膜性能。但是该材料容易挥发,性能稳定性较差,不易储存。而且,材料的表面能较高,不利于压印后的顺利脱模,容易造成压印模板的损伤,影响压印结构的精度[87]。

另外一种阳离子聚合反应的环氧树脂类压印胶也不受氧气的阻聚影响,L. J. Guo研究小组研制了一种高分辨率、功能化的环氧树脂类压印胶,并将其应用于紫外光固化滚动压印技术中[88-89]。但是相对于丙烯酸酯类材料,环氧树脂具有相对较高的黏度,在压印过程中会导致一些膜层不均匀、面积受限、消耗量大等不理想的结果,常用的商业用胶SU-8和mr-NIL 6000,也同样具有这种缺陷。

基于以上的考虑,研究者们的注意力聚焦在了巯基–烯光聚合反应上。巯基–烯光聚合反应最早是由Posner在1905年发现的,他深入研究了其反应机理、反应动力学和单体反应性。其中聚合反应机理如图4.1所示[90-91],整个反应过程分为三步。第一步是光引发剂在光子的引发下裂解产生自由基,自由基从硫醇化合物中夺取氢键,将硫醇化合物转化为巯基自由基,激发其活性,这一过程为反应链引发,如反应过程1。第二步是硫醇自由基与碳碳双键发生加成反应和链转移反应,将巯基自由基链接在碳碳双键上,产生的物质继续与硫醇化合物发生反应再次产生巯基自由基保证反应的继续进行,这一步叫作链增长过程,如反应过程2和3。第三步是聚合反应终止过程,这一步骤中两个巯基自由基发生耦合反应,使聚合反应终止,反应到此结束,如反应过程4。

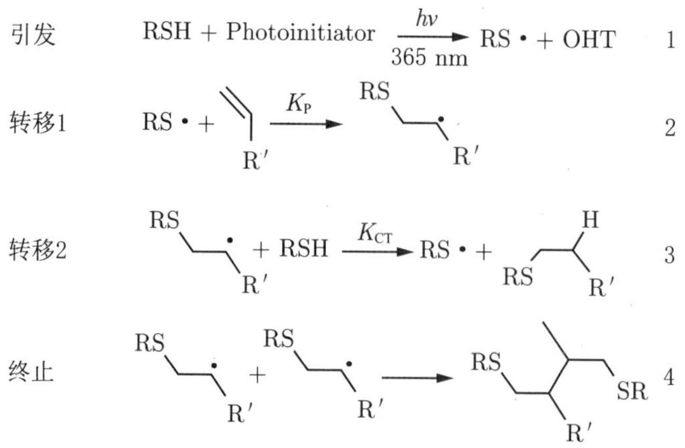

$$引发 \quad RSH + Photoinitiator \xrightarrow[365\ nm]{hv} RS\cdot + OHT \qquad 1$$

图4.1 巯基-烯光聚合反应机理[91]

根据聚合反应机理可知,巯基-烯光聚合反应是一种逐步反应与链增长反应共存并相互竞争的自由基聚合反应,这表明该自由基聚合反应与丙烯酸酯类材料的聚合反应不同,其具有"点击反应"的特点。点击化学(Click Chemistry)是由诺贝尔化学奖获得者 Sharpless 在2001年提出的一个有机合成的新概念,主要是在温和的反应条件下,通过小单元的高选择性拼接形成碳杂原子,高效地将不同的分子进行有机合成,构建分子多样性,具有广泛的应用[92]。点击化学的提出为新材料提供了一条反应条件简单、产率高、环境友好、选择性强、性能多样的合成路线,受到了科学家们的青睐。研究证明,巯基-烯光聚合反应是点击化学反应衍生出的一类新型反应,以光引发自由基为催化介质,充分融合了自由基反应的优点和点击反应的优势,可以在特定的区域和官能团之间发生反应,具有高度的选择性,因此利用巯基-烯光聚合体系可以快速制备具有可调的物理化学性质的交联聚合物网络。

作为通过阶段增长自由基反应过程形成高均匀性交联网络结构的一类材料,巯基-烯系统具有转化效率高、收缩率低、机械性能均匀以及不受氧气阻聚的特点[93-94]。巯基-烯反应过程经过巯基与末端烯单体的链增长反应形成以碳原子为主的分子团。在缺少烯单体的传播反应过程中,巯基通过脱去氢将一个电子转移到硫醇键。巯基-烯系统的化学和物理性能使其可以被应用于紫外光固化纳米压印技术中。Carter 研究小组报道了利用巯基-烯光聚合物实现了亚百纳米图案的复制,实验结果如图4.2所示,验证了巯基-烯材料的压印性能[95-96]。

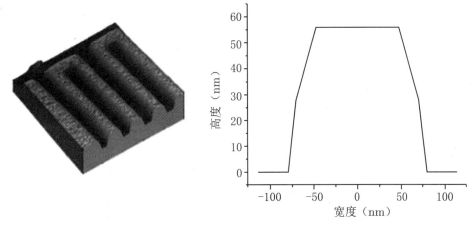

图4.2 基于巯基–烯材料的线宽为亚百纳米的光栅结构[94]

但是由于巯基–烯材料的研制和性能研究还不成熟,所以巯基–烯材料目前还没有得到广泛的应用。基于该材料的特殊性能,我们从巯基和烯烃单体材料、聚合反应过程、交联产物性能分析等方面进行了深入研究,研制出了多种性能优良的巯基–烯材料压印胶。

4.2 单体材料选择

为了实现新型紫外光固化巯基–烯压印胶的研制,根据聚合反应机理,需要优化筛选一些性能良好的巯基单体和烯烃单体。根据压印工艺的需求,我们对单体材料的选择拟定了一些标准:

(1)单体材料的黏度要低。为了满足压印胶低黏度的要求,参与聚合反应的单体材料也必须具备这个特性,才能在几种材料混合后保证低黏度的需求,这有利于改善材料的旋涂性能和成膜性。

(2)单体材料中必须含有硅。一定含量的硅能够降低压印胶的表面张力并提高其抗刻蚀性能,增加材料表面的可修饰性。因此,为了提高材料的填充程度和刻蚀选择比,必须选择含有硅基的单体材料。

(3)单体材料中必须含有苯环和多官能团。复杂的分子结构可以提高材料的杨氏模量和分辨率,增加聚合反应生成的聚合物刚性,可以提高制作结构的分辨率。

(4)混合后的预聚物材料不受空气或水的影响,可以在空气中发生快速交联反应,在短时间内固化完全。

根据以上的选择标准和聚合反应过程,我们最终选择出了几种性能优良的满足选择标准的巯基单体材料和烯烃单体材料,其化学结构如图4.3所示。巯基单体选择了含有硅氧烷的聚巯基丙基甲基硅氧烷(PMMS)、多官能团的3-巯基丙酸季戊四醇四聚体(PTMP)以及黏度较低的1,2-乙二硫醇和1,6-己二硫醇。烯烃单体材料的选择有很多,包括丙烯酸酯材料聚合反应中常用的单体材料,如低黏度的烯烃单体材料乙二醇二甲基丙烯酸酯(EGDMA)、氰尿酸三烯丙酯(TAC)、甲基硅氧烷均聚物(AMS)和多官能团的季戊四丙烯酸酯(PTT)与双酚A乙氧基化物二甲丙烯酸酯(BPADMA)。在反应过程中需要加入引发剂,我们选择2,2-二甲氧基-乙苯乙酮(DMPA)材料作为巯基-烯材料生产的光引发剂,用来引发整个聚合反应和增加聚合速率。

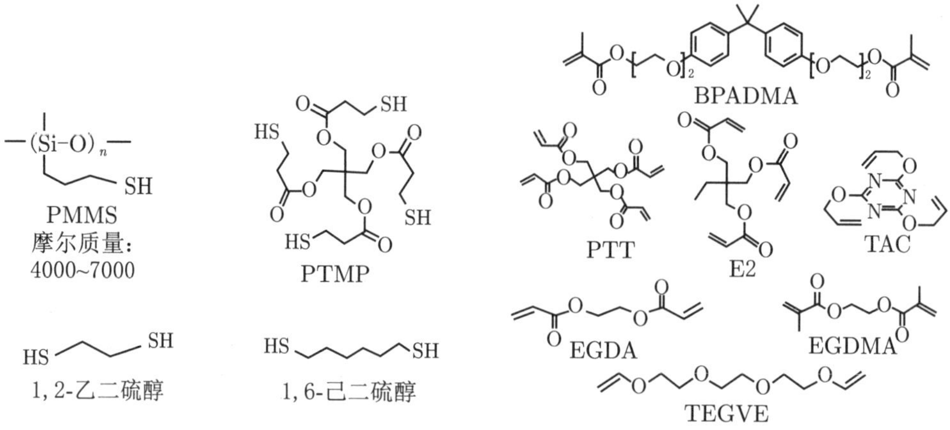

图4.3 优化筛选的单体材料

(a)巯基单体材料;(b)烯烃单体材料

以上优化筛选的单体材料都是易购买的商业材料。其中在巯基单体材料中,PMMS中含有硅氧烷,符合压印胶含有一定量硅的要求,是巯基-烯聚合反应研究中常用的单体材料。PTMP分子构成很复杂,含有非常多的硫醇键(—SH),与烯烃单体反应时可以形成非常复杂的密度较大的交联网络结构,满足材料高杨氏模量和高分辨率的需求。另外的两种巯基单体1,2-乙二硫醇和1,6-己二硫醇的黏度非常低,符合压印胶低黏度的要求,但是这两种材料具有非常大的刺激性气味,不适合在开放式的实验室中使用,所以在材料配制时使用较少。烯烃单体的选择非常多,只要含有碳碳双键的基本都满足条件,根据选择标准,筛选出了几种类似BPADMA、TAC、PTT、EGDMA等多官能团的和长链的材料。

4.3　单体材料组合配比

单体材料筛选之后,根据聚合反应机理对材料进行组合配比。巯基-烯材料的性能根据不同的预聚物组分而有所不同,可以通过改变组分材料的种类和质量比来调节其性能。所以我们要通过多次配比实验调配出满足压印性能的预聚物组合,并对其性能进行详细的分析和研究,最终对符合要求的巯基-烯材料进行优化,发展出一系列基于巯基-烯点击化学反应的新型紫外光固化纳米压印胶。在压印胶配制实验中,温度设置为21 ℃,相对湿度设置为30%RH,放置在大气环境下操作,主要的研究内容包括预聚物材料组合、质量比、固化时间、杨氏模量和黏度等,大量的实验结果如表4.1所示。

表4.1 不同的巯基–烯预聚物材料组合及性能参数

材料组合	质量比	黏度(cP)	固化时间(s)	杨氏模量(GPa)
PMMS/PTT	10:1	<10	60	<0.5
	7:1	<10	60	<0.5
	1:1	>10	60	<0.5
PTMP/TAC	3:2	>10	60	<0.5
PTMP/EGDMA	6:5	<10	10	>0.5
PMMS/TAC	1:4	<10	60	>0.5
	4:1	<10	30	>0.5
PMMS/PTT	1:1	>10	60	<0.5
PMMS/BPADMA	1:2	>10	60	<0.1
PMMS/PTMP/EGDMA	6:5:5	<10	30	>1.0
	4:1:3	<10	120	<0.5
	12:1:10	<10	30	>1.0
	5:5:7	<10	30	>0.5
	3:7:7	<10	30	>0.5
PMMS/EGDMA	2:7	<5	60	>1.0
	7:5	<5	60	>1.0
	10:7	<5	40	>1.0
	20:7	<10	30	>1.0
PMMS/EGDMA/PTT	7:5:1	<10	60	>1.0
	15:1:10	<10	60	<0.5
	35:1:15	<10	60	<0.5
	20:1:5	<10	60	<0.5
PMMS/TAC/BPADMA/EGDMA	7:2:1:2	<10	60	<0.5
PTMP/BPADMA	1:2	>10	60	<0.1
PMMS/PTMP/BPADMA	1:5:1	>10	60	<0.1
PMMS/PTMP/BPADMA/EGDMA	1:3:6:1	>10	60	<0.5
PTMP/BPADMA/EGDMA	3:6:1	>10	60	<0.5

经过大量的材料组合配比实验,对其性能参数进行研究分析,对比实验结果,我们可以得出以下结论:

(1) 由于两种备选的巯基单体材料1,2-乙二硫醇和1,6-己二硫醇具有非常臭的气味,对身体有毒,所以在进行材料组合配比实验时没有使用。巯基单体材料选择了含有硅氧烷的 PMMS 和官能团多的 PTMP,烯烃单体材料选择了常用的 EGDMA、TAC、PTT 和BPADMA 等。

(2) 由于巯基单体材料 PMMS 含有硅氧烷,可以保证预聚物材料中有一定的含硅量,因此PMMS的使用率非常大。

（3）分析材料组合的黏度。从黏度的变化趋势来看，烯烃单体材料EGDMA、TAC、PTT的黏度较低，增加这些材料的质量比可以大幅度降低预聚物材料组合的黏度。

（4）在表4.1中只列出了完全固化的实验结果，未固化或未完全固化的实验结果已经去除。分析不同组合的固化时间，可以看出固化时间均在120 s以内，最短的只需要10 s就可以完全固化，从而证明了巯基-烯材料可以在空气中快速固化。

（5）分析不同预聚物材料组合的杨氏模量。经过调节不同组合的组分及其质量比，最大的杨氏模量可以大于1.0 GPa，与亚克力玻璃PMMA的（1～3 GPa）相当。最小的杨氏模量小于0.1 GPa，弹性较好。当材料的杨氏模量增大时，材料呈现较强的刚性，当刚性强的材料作为压印胶时，可以压印复制出小到几纳米的高分辨率结构。分析杨氏模量的变化趋势，可以看出巯基单体材料PTMP与烯烃单体材料BPADMA混合可配制成弹性较大的材料，若用其制作结构时会降低分辨率，但是可以将其应用于柔性结构和器件的制备。巯基单体材料PMMS与烯烃单体材料EGDMA、TAC和PTT的聚合反应可以增加材料固化后的杨氏模量。但是当这些烯烃单体材料的质量比过大时，过多的材料没有进行聚合反应，会造成部分未固化或完全不能固化的现象。所以，虽然增大EGDMA、TAC、PTT等材料的质量比，不但可以降低材料的黏度，而且可以增大材料的杨氏模量，但是却不可以超过一定的量，否则效果会适得其反。

根据纳米压印模板对材质的硬度要求，应该选择杨氏模量较大的组合材料作为模板材质，所以从表4.1中筛选出杨氏模量大于0.5 GPa的样品作为性能研究对象，如表4.2所示。

表4.2　高杨氏模量的巯基-烯预聚物材料组合及性能参数

材料组合	质量比	黏度(cP)	固化时间(s)	杨氏模量(GPa)
PTMP/EGDMA	6:5	<10	10	>0.5
PMMS/TAC	1:4	<10	60	>0.5
	4:1	<10	30	>0.5
PMMS/PTMP/EGDMA	6:5:5	<10	30	>1.0
	12:1:10	<10	30	>1.0
	5:5:7	<10	30	>0.5
	3:7:7	<10	30	>0.5
PMMS/EGDMA	2:7	<5	60	>1.0
	7:5	<5	60	>1.0
	10:7	<5	40	>1.0
	20:7	<10	30	>1.0
PMMS/EGDMA/PTT	7:5:1	<10	60	>1.0

对材料组合配比实验结果进行对比分析，筛选出了高杨氏模量的预聚物材料，完成了新型压印胶研发的第一步。为了验证这些材料是否可以作为压印胶使用，需要对其性能进行进一步的研究，包括旋涂、光透过率、刻蚀性能、表面可修饰性、压印性能等，优化筛选出满足纳米压印性能需求的组合材料。

4.4 压印模板的材质

模板的性能是影响压印结果质量的主要因素,其中模板的材质是决定模板质量的关键。基于纳米压印工艺的特点,模板常用的材质必须具有高硬度、高拉伸强度、较小的热膨胀系数、较好的抗刻蚀性等特点[97]。只有其具备以上特点才能保证模板在压印的过程中耐磨损、不变形,确保高分辨率和高精度结构制作。因此传统的模板材质一般包括石英、玻璃、硅、金属、氮化硅、碳化硅、蓝宝石以及金刚石等。其中石英和硅是目前广泛采用的材料,满足压印模板的性能需求,同时也满足不同压印方式的需求。例如,高温高压的热压纳米压印一般使用硅材料的模板,因为其有一定的耐高温和耐高压的特性,同时具备较好的力学性能。而紫外压印技术要求压印模板是透明的,当压印胶填充满模板上的空腔结构,紫外光透过模板将压印胶固化,因此模板材质必须对紫外光具有较高的透过率,以提高结构制作的效率。首选的紫外压印模板材料是石英,石英在350~450 nm的紫外光波段具有较高的光透过率。因此,模板的材质需要根据具体的压印过程和需求来进行最优的选择,以实现纳米压印技术的广泛应用。

与传统的硅、石英、蓝宝石、金属等模板材质相比,高分子聚合物材料由于性能可调控、价格低廉、成型简单,已成为最有潜力的新一代模板材质,因此国内外研究者对其进行了大量的研究[98-100]。聚合物模板的研究从软模板开始,在软压印技术(Soft Lithography)中,压印模板一般选择具有延展性的金属薄膜或者有弹性的高分子有机聚合物材料,常用的金属材质为镍、金、铝等,弹性聚合物材料有PDMS、PMMA、h-PDMS、PUA、PVA、PVC、PTFE、ETFE等。其中金属模板耐用性较强,使用寿命长,在受到压印胶黏附污染时可以进行清洗,但是制作工艺复杂,成本相对较高。聚合物模板成本低,成型简单,制作效率高,但是耐用性较差,寿命短,容易损伤。通过对比两种软模板材质的优缺点,可以看出聚合物材料的压印模板非常适用于现代社会飞速发展的低成本大需求行业。

PDMS是软压印技术中常用的模板材料,利用PDMS制作压印模板的过程如图4.4所示[101]。PDMS是一种热固性聚合物材料,在固化之前呈液态,由Sylgard 184基底液和固化剂以10:1的比例混合形成。如图4.4(彩图2)(a)所示,将混合的液体材料滴涂在母板的浮雕结构上,除去材料中的气泡后放置在烘箱中加热固化,设定温度80 ℃,固化时间2 h。材料固化成型后,分离母板,获得与母板结构互补的柔性材料结构,如图4.4(b)中蓝色结构所示。这种柔性模板可以随意弯折,表面的结构不会损伤,可以应用于曲面基底的压印,而在平面基底上压印时无需外界施加压力即可实现保形接触,如图4.4(c)和4.4(d)所示。

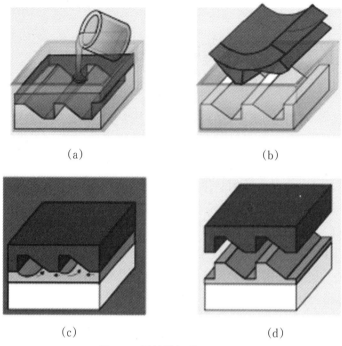

图4.4　柔性模板的制作过程

（a）将PDMS混合物滴涂在母板上；（b）固化成型后分离母板；（c）利用PDMS结构作为模板进行再次压印；（d）分离模板后的与原始母板相同的结构

虽然柔性模板具有可弯折、曲面压印、无需压力等优点，但是成型材料的低杨氏模量使得结构制作的分辨率和精度难以提高，因此其一般只适用于线宽大于500 nm的结构加工。为了提高压印的分辨率，必须增大模板材质的杨氏模量，制作刚性的聚合物模板。Sandra Gilles等人利用高硬度的聚合物材料Surlyn 1702作为模板材质，这种材料的杨氏模量约为190 MPa，远远大于PDMS的杨氏模量（约1 MPa）。具体的制作过程如图4.5所示[102]。图4.5(a)是利用原始母板制备聚合物模板的过程，将热固化的材料均匀地涂覆在母板表面，充分填充空隙结构，材料固化后分离母板，获得与母板结构互补的聚合物模板。图4.5(b)是利用聚合物模板开展紫外光固化纳米压印研究，首先将聚合物模板保形接触压印胶薄膜，然后利用紫外光进行曝光固化，最后分离模板，完成压印过程，经过两次压印过程，最终制备出与原始母板相同的结构。在两次压印均保持高精度和高保真度的条件下，第二次压印的结构同样可以作为压印模板使用。聚合物材料的杨氏模量较高，其模板不易发生弯折，与传统压印模板相同在压印时，需要施加一定的外界压力才能保证模板保形接触。图4.5(b)过程为紫外光固化纳米压印工艺，所以还需要聚合物模板是透紫外光的。

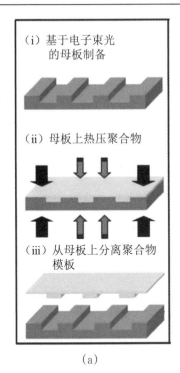
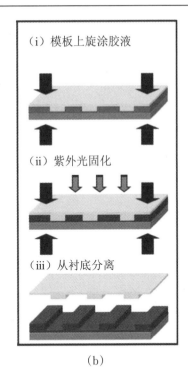

（i）基于电子束光
的母板制备

（ii）母板上热压聚合物

（iii）从母板上分离聚合物
模板

（a）

（i）模板上旋涂胶液

（ii）紫外光固化

（iii）从衬底分离

（b）

图4.5 刚性聚合物模板制备和使用过程

（a）利用母板制备聚合物模板的过程；（b）基于聚合物模板的紫外光固化纳米压印过程

图4.6展示了基于上述过程制备的Surlyn 1702模板的实验结果。图4.6(a)是线宽从 1 μm到100 nm的结构与局部放大图形，图4.6(b)是线宽小于50 nm的狭缝阵列与局部放大图形。由实验结果可知，制备的结构有一点儿变形，但是线宽小于100 nm和50 nm的线条结构仍然可以分辨，表明杨氏模量约为190 MPa的Surlyn 1702具有很高的结构分辨率，从而验证了增大成型材料的硬度，可以提高结构的分辨率和加工精度。

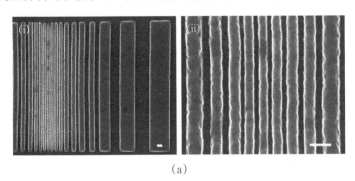

（a）

图4.6 聚合物模板的结构

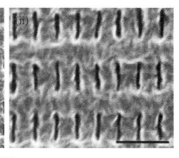

(b)

图4.6(续) 聚合物模板的结构

(a)(i)是线宽从1 μm到100 nm的结构,(ii)是局部放大的图形;(b)(i)是线宽小于50 nm的狭缝阵列,(ii)是局部放大图形

基于刚性聚合物模板的优势,我们开展了巯基-烯材料的聚合物模板的研究工作。在前述小节中,低黏度、高杨氏模量、固化迅速的巯基-烯材料被成功研制,其因具有优良的物理性能和机械性能,非常适合作为刚性聚合物模板的材质。因此,我们开展了基于巯基-烯材料的新型模板的制备实验,具体实验方案如图4.7所示。首先制作一块具有表面浮雕结构的原始母板,接着将我们研制的性能优良的巯基-烯组合材料滴涂在母板表面,保证浮雕结构充分填充,材料中无气泡、无灰尘。然后放置在紫外光下照射,光功率为20 mW/cm²,固化时间为1 min。巯基-烯材料发生聚合交联反应,生成刚性的聚合物材料。最后分离母板,获得与母板结构互补的聚合物结构。由于巯基-烯材料具有较高的杨氏模量,因此制备的聚合物模板具备高硬度、高分辨率和高精度的特点。

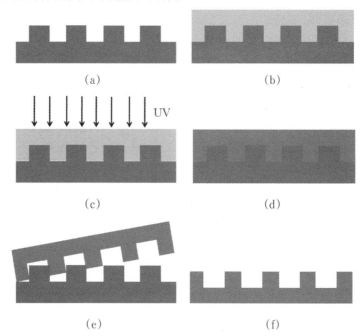

图4.7 基于巯基-烯材料的刚性聚合物模板

(a)原始母板;(b)涂覆巯基-烯材料;(c)紫外光固化;(d)巯基-烯交联聚合物;(e)分离母板;(f)获得聚合物模板

在实验中,我们选择了两种结构作为压印母板,直径为300 nm,周期为500 nm的硅材料纳米柱阵列和平均口径为80 nm的多孔氧化铝,利用研制的巯基-烯组合材料PMMS/EGDMA(质量比为7∶5)作为聚合物模板材质,由于该组合材料的杨氏模量大于1.0 GPa,因此可以保证制作出高精度和高保真度的聚合物模板。利用扫描电子显微镜(SEM)对母板结构和聚合物结构进行测量,得到如图4.8所示的SEM图片①。图4.8(a)和图4.8(c)是两种压印母板的结构,图4.8(b)和图4.8(d)是复制的聚合物结构。可以测得复制的巯基-烯纳米孔直径为297 nm,复制误差为1%,复制的巯基-烯纳米柱阵列的平均口径为78.5 nm,复制误差为1.875%,巯基-烯材料的结构复制精度为1.44%。从测量结果可以看出,利用巯基-烯材料制作的纳米结构达到了亚百纳米的高分辨率,但是尺寸都略小于原始母板结构,这是由于聚合物材料在发生聚合交联反应生成交联网络结构时体积会缩小。一般认定材料的体积收缩率小于3%时属于高保真复制,因此基于巯基-烯材料的聚合物模板制作满足高精度复制的要求。同时由于巯基-烯材料的性能可以调控,可以根据具体的需求制备出不同特点的聚合物模板,因此极大地扩展了聚合物模板的应用空间。

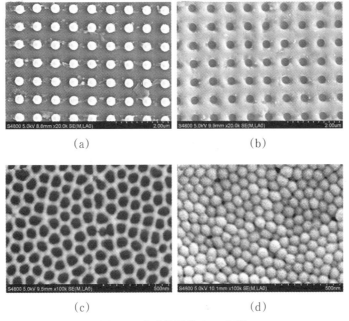

(a)　　　　　　　　　　　　　　(b)

(c)　　　　　　　　　　　　　　(d)

图4.8　实验结果的SEM图片

(a)和(c) 原始母板;(b)和(d) 巯基-烯材料模板

综上所述,模板的材质丰富多样,可以根据实际的应用需求来制定最佳的材料成型方案。相比于其他的模板材质,聚合物材料由于具备成本低、成型简单、原材料丰富、性能多样等独特的优点,已成为未来模板发展的重要方向之一。

---

① 图4.8中的参数信息是由扫描电子显微镜测试系统自动生成的,其中的"um"实际应为"μm"。

4.5 刚性复合纳米压印模板

基于4.4节所述聚合物模板的优点,为了进一步改善聚合物模板的性能,提高质量以及增加模板的灵活性,刚性复合模板受到了大家的广泛关注。刚性的复合模板包含两层结构,刚性基底层和刚性聚合物结构层,与图4.5(b)压印复制的结构相同。制作过程和结构如图4.9所示[103],利用原始母板压印一次后获得以硅为基底以压印胶为结构层的刚性复合模板。通过调节压印胶的性能,可以实现高质量模板的制作。

这种模板采用传统的纳米压印模板材质作为基底层,利用非常薄的聚合物作为结构层,模板整体呈现基底层的特性。由于模板的结构层仍然是由聚合物材料形成的,所以刚性复合模板属于聚合物模板的范畴,是一类性能更加灵活的新型聚合物模板。该类聚合物模板可以利用紫外光固化纳米压印技术进行加工制作,将一块原始母板压印在涂覆紫外光固化压印胶的刚性基底上,经过固化和脱模,获得以刚性材料为基底的聚合物结构,这种结构无需进一步处理就可以作为压印模板再次使用,也常被称为二级模板。刚性复合模板的结构层都是利用高杨氏模量的压印胶制作的,因此其具备高精度、高分辨率和高保真度的特性。

基于巯基-烯材料的优良特性,我们开展了巯基-烯材料的新型聚合物复合模板的制备研究。该新型模板包含刚性基底层和刚性的巯基-烯聚合物结构层,具体的制作过程如图4.10所示。首先选择一种刚性的材质作为基底层,由于我们制作的刚性聚合物模板主要应用于紫外光固化纳米压印技术,所以一般选择透明的石英材料作为基底层,对其进行表面清洗后待用,如图4.10(a)所示。接着将液体的巯基-烯材料通过旋涂的方式涂覆在石英基底上,形成一层均匀的薄膜,厚度约为300 nm,如图4.10(b)所示。巯基-烯材料选择稀释后旋涂效果较好的PMMS/EGDMA/PTT质量比为7:5:1的材料组合,材料杨氏模量大于1.0 GPa。为了增加薄膜层与基底层的黏附力,通常在涂覆巯基-烯之前在基底层上涂覆一层很薄的增黏剂。

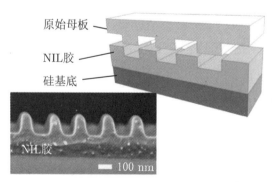

图4.9 刚性复合模板的制作过程和结构图[103]

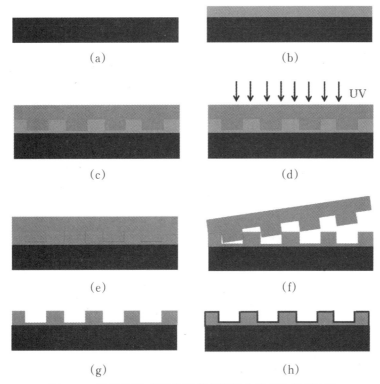

图 4.10 基于巯基−烯压印胶的刚性聚合模板的制备过程

(a) 石英基底层;(b) 旋涂巯基−烯压印胶;(c) 压印模板对准压印;(d) 紫外光固化;(e) 压印胶固化形成交联聚合物;(f) 分离模板;(g) 获得压印胶结构;(h) 结构表面防黏处理,完成聚合模板制备

涂覆巯基−烯材料之后,将压印模板对准压印在薄膜上,并对模板施加一定的压力使材料充分填充模板的空隙结构,以保证结构的高保真复制,如图 4.10(c) 所示。为了压印后顺利脱模,必须对压印模板进行表面防黏处理,防止在脱模中损伤模板和破坏压印胶结构。在材料充分填充后,放置在紫外光下固化,曝光剂量为 1200 mJ/cm², 如图 4.10(d) 所示。在材料完全固化后,巯基−烯预聚物材料生成性能稳定的聚合物结构,如图 4.10(e) 所示。然后将压印模板从聚合物结构上分离下来,获得与模板结构互补的图案,如图 4.10(f) 和图 4.10(g) 所示。一般情况下,聚合物结构的制备已经完成。但是为了将聚合物结构作为压印模板使用,还必须再增加一个表面防黏处理的步骤,如图 4.10(h) 所示,在聚合物结构的表面涂覆一层非常薄的防黏层,厚度约为几纳米,在不影响原始结构精度的前提下提高防黏性能,有利于在压印脱模环节不损伤模板和压印胶结构。经过以上所有的步骤,我们完成了基于巯基−烯材料的新型刚性聚合物模板的制备。

在新型复合模板制备实验中,我们选择了几种不同的图案结构作为压印模板,制作出了多种新型的巯基−烯材料复合模板,包括直径为 300 nm 的纳米孔阵列结构、线宽分别为 160 nm 和 80 nm 的光栅结构以及直径为 200 nm 的纳米柱阵列结构,制备结果的 SEM 图片如图 4.11 所示。通过与原始母板的结构进行对比,可以计算出结构制作的精度小于 1%,再次验证了巯基−烯材料的高精度和高分辨率的特性,同时说明利用紫外光固化纳米压印技术和巯基−烯材料可以制备出高分辨率的纳米压印复合模板。以上的研究证明,随着纳米压印技术产业化的不断发展,聚合物模板必将逐渐取代传统的压印模板而得到广泛应用。

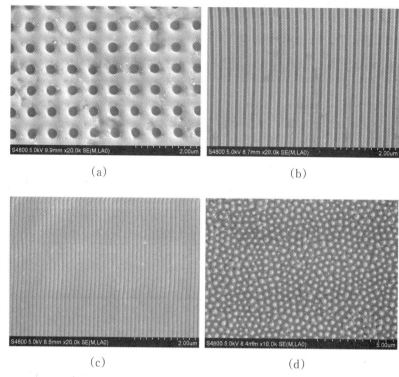

图 4.11　巯基-烯复合模板结构的SEM图片

(a) 直径为300 nm的纳米孔阵列结构;(b) 线宽为160 nm的光栅结构;(c) 线宽为80 nm的光栅结构;(d) 直径为200 nm的纳米柱阵列结构

4.6　柔性复合纳米压印模板

无论是传统的纳米压印模板还是聚合物材料的模板,为了适应纳米压印的工艺特点,它们都应呈现刚性,不能发生弯折。在压印的过程中,必须在外界对刚性的模板施加一定的压力,才能保证压印模板与液体压印胶薄膜保形接触,以实现高保真结构的复制。同时,由于压印过程一般在压印机提供的低真空环境下进行,所以在模板与固化后的压印结构之间形成了完全封闭的空间,其中的空气完全被挤压出来,与周围环境相比相当于一个高真空的空间,因此在脱模时不仅仅要考虑模板与压印胶的粘连问题,还要克服外界与内部的压力差问题,造成脱模更加困难,模板损坏率增大。因此,纳米压印模板的性能还需要进一步优化发展。

为了解决上述问题,研究者们从软压印技术中获得了灵感。柔性的压印模板在压印时无需外界施加压力,基于自身的柔软度和吸附力,可以与各种复杂基底实现保形接触,结构固化成型后,柔性模板可以从一侧慢慢剥离,不容易造成模板的损伤。因此,研究者们想到可以将刚性复合模板的基底层换成具有弹性的材料,而刚性聚合物结构层保持不变,这样既保留了刚性模板的高分辨率和高精度的特点,又充分融合了柔性模板的独特优势,发展出一种新型的柔性复合模板,完美地将纳米压印技术与软压印技术结合在了一起。Nae Yoon Lee 研究小组提出了一种用于纳米压印技术的含有 PDMS 防黏层的柔性复合模板[104]。这种柔性复合模板是在一块柔性基底上制作紫外光固化聚合物结构,在结构的表面加入一薄层 PDMS 用于提高模板的防黏性能。高弹性的模板可以在无外界压力的情况下与基底保形接触,低黏度的压印胶通过旋涂的方式形成大面积的均匀薄膜,具体的制作过程如图 4.12所示。

首先将紫外光固化预聚物材料 NOA63 滴涂在硅材料压印母板上,利用一块干净的 PET 基底压印在材料上,然后放置在紫外光下固化 40 min,光波长为 365 nm,功率为 135 mW/cm²。复制结构的压印胶固化后黏附在 PET 上,一起从硅母板上剥离下来,之后再放置在紫外光下固化 12 h,得到更稳定的结构。最后为了增加模板的防黏性能,在结构表面上涂覆一层非常薄的 PDMS 防黏层,由于 PDMS 的表面能较低,因此其可以起到防黏的作用。在实验中,为了降低硅母板的黏附性,顺利完成柔性复合模板的制作,压印前必须在其表面涂覆一层防黏保护层。

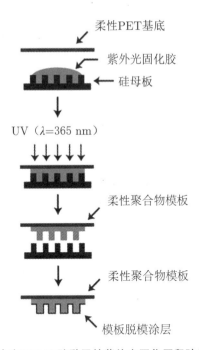

图 4.12 以 PET 为基底含有 PDMS 防黏层的紫外光固化压印胶结构柔性模板制备过程[104]

图 4.13 展示了实验中所获得制备结果的 SEM 图片,图 4.13(a)是线宽为 70 nm 的紫外光固化材料 NOA63 模板结构,图 4.13(b)是在 NOA63 模板结构上涂覆一薄层 PDMS 防黏层的结构,图 4.13(c)是利用模板再次压印所制备的 NOA63 的复制结构。为了进一步分析实验结构,需要对 PDMS 薄层的厚度、添加 PDMS 防黏层的模板结构以及进行再次压印的 NOA63 复制结构进行测量对比。利用椭偏仪测得 PDMS 防黏层的厚度约为 10 nm,不会对模板结构的面形有严重的影响。随着结构图案尺寸的增大,防黏层厚度的影响会越来越小。

从图4.13中的结构对比可以看出,利用压印过程制作出了高精度的NOA63的模板结构,结构的线宽与原始母板相同;在模板结构上增加一层非常薄的PDMS防黏层并未影响到结构的尺寸;利用制备的新型模板进行再次压印,得到了与母板结构相同的NOA63结构,验证了新型模板的可使用性。

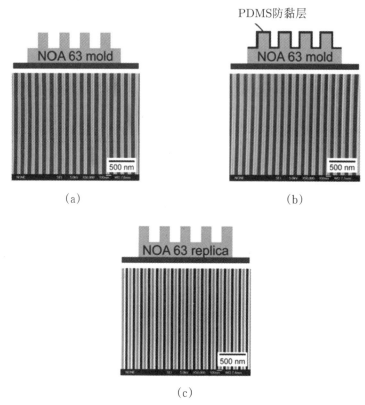

图4.13 实验结果的SEM图片

(a) 线宽为70 nm的NOA63模板结构;(b) 涂覆PDMS防黏层的NOA63模板结构;(c) 再次压印的NOA63复制结构

随后Zhiwei Li研究小组对柔性复合模板进行了进一步的研究,发展了一种新型的纳米压印-软压印复合技术,制作了一种基于PDMS柔性基底的高杨氏模量丙烯酸酯聚合物结构层的复合模板[60]。图4.14展示了新型柔性复合模板的制备以及曲面压印的工艺过程。图4.14(a)～图4.14(c)是利用紫外光固化纳米压印技术制备复合模板的过程,图4.14(d)～图4.14(f)是利用柔性复合模板在曲面基底上压印图案的过程。与PET基底的复合模板相比,这种以高弹性PDMS为基底的柔性复合模板具有更高的柔韧度和耐弯折性,吸附压印胶的能力更强,与复杂曲面基底更容易实现保形接触。

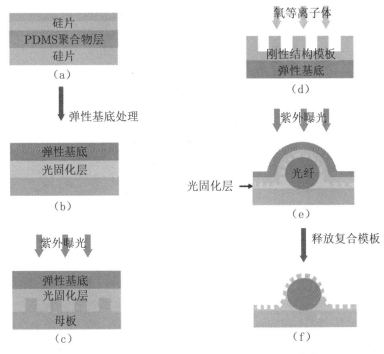

图4.14　柔性复合模板制备过程与曲面压印技术

　　(a) 制作一块弹性基底;(b) 在PDMS弹性基底上吸附光固化胶;(c) 通过旋涂在母板上、保形接触和紫外光固化制备复合模板;(d) 复合模板表面防黏处理;(e) 紫外压印在曲面基底上,(f) 曲面基底上的压印图案

　　利用这种新型复合模板与新型复合压印技术,研究小组在光纤曲面压印出了周期为200 nm的高分辨率的纳米光栅,同时在平面基底上实现了亚15 nm的纳米点阵结构的制备。实验结果的SEM图片如图4.15所示,图4.15(a)和图4.15(b)是光纤表面的压印结果,光栅的周期为200 nm,线宽为100 nm。图4.15(c)是基于复合压印技术在平面基底上制作的尺寸为15 nm的点阵结构。实验结果表明这种新型柔性复合模板的使用更加灵活,应用范围更广,利用性能优良的聚合物成型材料,可以制作出高分辨率的纳米压印模板,同时验证了新型纳米压印-软压印复合技术的可行性。

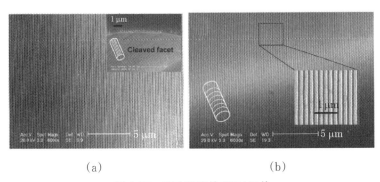

(a)　　　　　　　　　　　　(b)

图4.15　实验结果的SEM图片

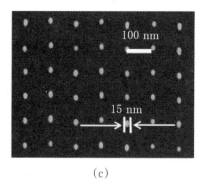

(c)

图 4.15(续)　实验结果的 SEM 图片

(a) 光纤表面的光栅结构;(b) 光栅的放大结构;(c) 复合模板压印出的 15 nm 高分辨率点阵

近几年,随着纳米压印技术在更多领域的应用,柔性复合模板的优势逐渐凸显,得到了大家的认可和广泛关注,国内外科学家都对其进行了更加深入的研究。研究的方向大致分为两种:模板的构型和结构成型材料。例如,为了解决灰尘大颗粒对柔性复合模板压印造成的缺陷问题,研究者提出了三层的柔性复合模板的概念,即在双层柔性复合模板的基底层上再增加一层材料,这层材料的选择非常重要,它既具有整体柔韧性,又具备局部硬度大的特点,可以抵抗外界的部分压力,不会造成结构形变[61]。这是从模板的构型方面入手对柔性复合模板进行优化发展。在本书中,我们基于巯基-烯点击化学反应研制了多种性能优良的巯基-烯紫外光压印胶。基于此研究基础,我们考虑到从模板结构成型材料入手对柔性复合模板进行优化发展,扩展更多的途径。因此,本书开展了基于新型巯基-烯材料的柔性复合模板的研究,优化了结构成型材料,充分利用新型巯基-烯材料的优势,改善了模板性能,简化了模板的制作工艺。

为了实现高精度、高分辨率、高保真度、复杂曲面、高效率结构的压印制作,我们提出了一种基于巯基-烯材料的柔性复合模板,构型如图 4.16 所示。与上述的复合模板相同,基底层同样采用高弹性的 PDMS 材料,结构层采用新型巯基-烯材料[95]。

图 4.16　基于巯基-烯材料的新型柔性复合模板

基于巯基-烯压印材料低黏度、高杨氏模量、快速固化、低收缩率、空气中快速完全固化的优点,可以实现亚百纳米高分辨率结构,结构层的厚度在几十纳米至几百纳米。弹性的 PDMS 基底层厚度在毫米量级,一般为 2~5 mm。根据模板的构型和材料组成,该种新型柔性复合模板具备以下特点:

(1) 模板整体呈现柔性状态,在压印过程中可以与复杂曲面保形接触,无需外界施加压力。

(2) 模板的结构层是刚性的,保持了硬质模板的高分辨率和高保真度的特点,在保形接触时结构层不易变形和弯折。

（3）形成模板的材料除了具备良好的物理和机械性能之外，还必须具备良好的防黏性能。由于模板表面含有浮雕的微纳米结构，增大了模板与压印胶的有效接触面积，增加了脱模的难度，因此必须在模板的表面增加一层防黏层。根据巯基-烯材料的可修饰性能，模板的刚性结构层可以利用防黏处理工艺在表面形成一层含氟分子团，如 $R=CF_3(CF_2)_n$ 全氟烷烃基团。这种分子量级的防黏层不会影响到结构的精度，又会牢固地附着在模板表面，以保证模板在多次重复压印过程中顺利脱模。

（4）巯基-烯材料对氧气和水不敏感，可以在空气中完全固化。所以模板的制作无需大型专用设备，在普通超净间就可以实现模板的加工，降低了加工难度，节约了成本。

在新型模板的构型确定之后，我们开展模板的制备研究。根据模板的特殊结构，我们采用反向纳米压印技术开展制备实验研究，具体的方案过程如图4.17所示。制备实验利用硅基材料作为压印母板，由于硅材质不透紫外光，因此压印母板放置在下面，利用反向压印过程对结构进行制备。首先，利用电子束直写技术制备硅基纳米结构作为原始母板，在开展压印实验之前，为了可以顺利脱模并保护压印模板，需要利用防黏工艺在母板表面形成一层氟基材料的防黏层，降低母板的表面能，使其呈现疏水的状态，清洗干净后待用，如图4.17(a)所示。然后，将性能优良的巯基-烯材料通过旋涂工艺在母板表面涂覆一层薄膜，薄膜的厚度由结构的深度决定，要求完全填满模板空腔，并略大于结构的深度，多出的胶厚度约为十几纳米，并保持上表面均匀平整，厚度的大小由旋转速度来控制，如图4.17(b)所示。在本实验研究中选取表4.2中的PMMS/EGDMA/PTT质量比为7:5:1材料组合作为结构层材料，材料的黏度小于10 cP，固化时间为60 s，杨氏模量大于1.0 GPa，其具有较好的旋涂性能和压印性能。压印胶旋涂成膜后，用一块表面干净的厚度约为2 mm的PDMS薄膜从一侧轻轻地覆盖在压印胶薄膜上，使其充分接触，轻轻挤压出多余的压印胶和气泡，如图4.17(c)所示。PDMS薄膜是将Sylgard 184的基底液和固化剂以10:1比例混合后加热固化所得，制作过程中必须保持膜的两面平整，厚度均匀，表面清洁。在PDMS膜与液体压印胶充分渗透后，放置在紫外光下固化，如图4.17(d)所示，固化光波长为365 nm，功率为20 mW/cm²。由于巯基-烯材料可在空气中快速固化，因此固化交联过程不需要复杂的高真空环境，在普通的超净室即可完成，降低了设备制作的复杂性。在压印胶完全固化后，将黏附巯基-烯材料结构层的PDMS薄膜与硅母板分离开来，如图4.17(e)所示，轻轻地从模板的一侧边缘向中间分离。由于硅母板的表面有一层防黏层，因此压印胶结构层与母板的黏附力较低，同时由于PDMS材料的表面含有很多微小的孔，液体压印胶会渗进这些小孔并在其中固化从而与PDMS膜紧密地黏附在一起，所以模板分离非常顺利，PDMS膜与压印胶结构层会完整地从母板上剥离下来，不会损伤到母板和压印胶结构，这是PDMS材料独特的优势。顺利脱模后，获得以PDMS膜为基底的柔性复合模板，如图4.17(f)所示，可以根据后续的具体应用对该模板进行性能修饰，以满足更广泛的应用需求。

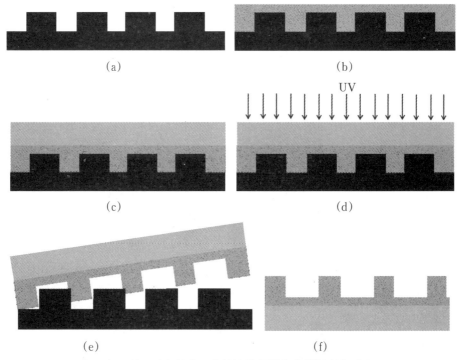

(a)   (b)

(c)   (d)

(e)   (f)

图4.17　基于反向纳米压印技术的柔性复合模板制备过程

（a）准备压印母板；（b）将液体的巯基-烯预聚物旋涂在母板表面；（c）压印一块PDMS弹性薄膜；（d）紫外光固化；（e）将PDMS薄膜和压印胶结构一起剥离下来；（f）柔性复合模板

　　在具体的实验中，我们制备了两种基底的柔性复合模板，实验结果如图4.18所示，图4.18(a)是线宽为135 nm面积为3×3 mm²的以PET为基底的大面积光栅结构柔性复合模板实物图和SEM图，图4.18(b)是线宽为72 nm，直径为25.4 mm的以PDMS为基底的光栅结构柔性复合模板的实物图和SEM图。基于巯基-烯材料的优良特性，我们制备出了线宽分别为135 nm和72 nm的高分辨率结构，验证了巯基-烯材料具有良好的旋涂性能、固化性能和高分辨率压印性能。但是在高分辨率结构的制备中仍然存在一些结构缺陷，如图4.18(b)中黑色箭头所指的区域，这主要是由压印时空气中的灰尘颗粒造成的结构残缺。但是由于其是柔性基底，压印所造成的结构缺陷不会向四周蔓延，这是柔性基底的独特优势之一。

(a)

图4.18　柔性复合模板的实物图和SEM图

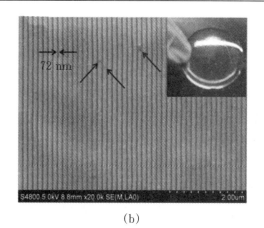

(b)

图4.18(续)　柔性复合模板的实物图和SEM图

（a）线宽为135 nm的以PET为基底的柔性复合模板；（b）线宽为72 nm的以PDMS为基底的柔性复合模板

除了亚百纳米的结构,我们还制备了微米和亚微米结构的柔性复合模板,实验结果如图4.19所示,同样柔性基底包括PDMS和PET两种,结构包括图4.19(a)中的以PDMS为基底的周期为1.5 μm的光栅结构,图4.19(b)中的基底为PET的特征尺寸为2 μm的随机结构,图4.19(c)中的基底为PDMS的周期为300 nm的蓝光光栅结构。三种模板的有效结构直径均大于2英寸[①],因此柔性复合模板非常适用于微纳米结构的工业化大批量生产。

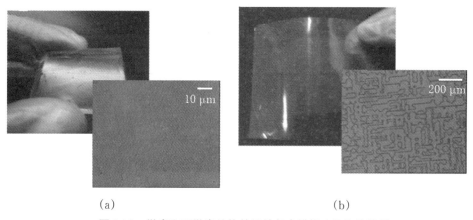

(a) (b)

图4.19　微米和亚微米结构的柔性复合模板实物和结构图

---

① 1英寸=2.54 cm。

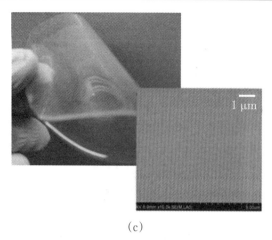

(c)

图4.19(续)　微米和亚微米结构的柔性复合模板实物和结构图

(a) 周期为 1.5 μm 的 PDMS 基底光栅结构；(b) 特征尺寸为 2 μm 的 PET 基底随机结构；(c) 周期为 300 nm 的 PDMS 基底光栅结构

4.7　柔性复合模板的压印验证实验和曲面压印

4.7.1　柔性复合模板的压印验证实验

柔性复合模板制备完成后,需要对其具体使用效果开展实验验证,利用柔性复合模板进行再次压印,检测模板是否制备成功,是否满足压印需求。图4.20(彩图3)是利用微米和亚微米的柔性复合模板进行压印的实验结果。基于标准的紫外光固化软压印过程开展实验研究,三种柔性复合模板首先进行表面防黏处理,提高防黏性能,然后分别压印在以硅材质为基底的紫外光固化胶上,在压印胶固化和分离模板后,得到硅基底的压印胶结构,该压印胶的结构与复合模板的结构互补,而与原始压印母板相同。

通过观察硅片上的彩虹色谱带,可以判断出硅片上具有微米光栅结构。利用显微镜可以测量出压印光栅结构的周期为 1.52 μm,相对于原始母板结构误差为 1.33%。第三种柔性复合模板是结构周期为 300 nm 的光栅结构,通过纳米压印过程在硅片上制作出压印胶结构,利用电子扫描显微镜测量得到结构的周期为 295 nm,制作误差为 1.67%,验证了柔性模板的压印保真度。压印实验结果表明,利用新型压印胶制备的新型柔性复合模板具备良好的压印复制性能,成功制备了微米和亚微米量级的柔性复合模板。

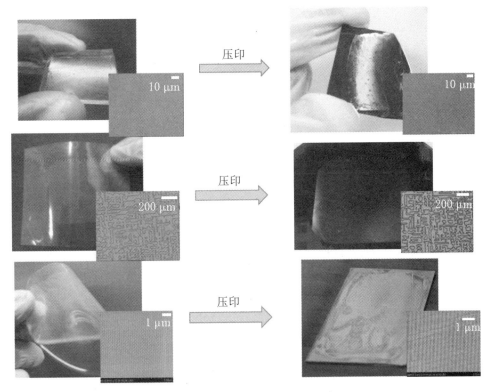

图4.20 利用柔性复合模板压印的实验结果

4.7.2 柔性复合模板的曲面压印

柔性复合模板的独特优势是弹性的模板基底,与传统的微接触压印和软压印模板不同,复合模板还有刚性材料形成的结构层,可以提高整个模板的分辨率和制作精度。刚性结构层非常薄,厚度一般在百纳米量级,不会影响到模板的整体柔软特性,在使用时与传统柔性模板相同,同样可以在复杂曲面上压印结构。利用本书中制备的基于巯基–烯材料的高分辨率柔性复合模板开展曲面压印实验研究,压印过程如图4.21所示。首先对柔性复合模板的表面进行防黏处理,增加防黏性能,如图4.21(a)所示,接着在曲面基底上涂覆一层紫外光固化压印胶,我们从优化筛选的材料组合中任选一种。然后将柔性复合模板沿着一侧轻轻贴在曲面基底上,将压印胶中的气泡全部排出,尽可能地消除压印缺陷,保证模板与基底的保形接触,如图4.21(b)所示。最后在紫外光下固化后分离模板,获得曲面基底的压印胶结构,完成在复杂曲面上制备高分辨率纳米结构的过程,如图4.21(c)所示。

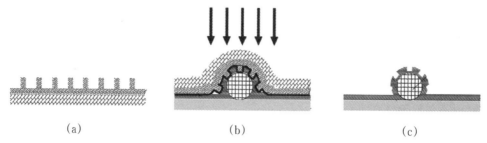

(a)   (b)   (c)

图 4.21　基于柔性复合模板的曲面压印过程

实验中采用的柔性复合模板包括周期为 150 nm 的光栅结构和直径为 300 nm 的纳米柱阵列结构。曲面基底是凹形的聚合物结构,每个凹面的口径为 750 μm。利用柔性复合模板在凹形曲面上压印纳米结构,压印结果的 SEM 测试图如图 4.22 所示。图 4.22(a) 是凹形曲面基底的 SEM 图,图 4.22(b) 和图 4.22(c) 是压印的光栅结构和放大图形,光栅的周期为 147.8 nm,复制精度为 1.47%。图 4.22(d) 和图 4.22(e) 是压印的纳米柱阵列结构和放大图形,纳米柱的口径为 303.7 nm,复制精度为 1.23%。从计算的结构复制精度可以看出,柔性复合模板具有高保真压印的性能,同时可以制作出高分辨率的纳米结构,验证了该新型模板在纳米尺度上的可使用性。从实验结果中可以看出,光栅结构精度较高,灰尘颗粒、残缺等结构缺陷较少,但是纳米柱阵列结构中部分区域有许多突起的结构缺陷,严重影响了结构的精度和保真度。这主要是由于曲面上涂胶不均匀、柔性复合模板的防黏处理不好、操作环境中灰尘颗粒的影响等。因此,为了获得高质量的曲面压印结果,促进曲面结构和器件的应用,曲面压印工艺有待进一步优化发展。

从以上获得的实验结果可知,无论是微米、亚微米量级还是纳米量级结构的柔性复合模板都具备高精度和高保真压印复制的能力,说明我们制备的巯基-烯材料的柔性复合模板具有优良的性能,可以应用于平面和曲面的纳米压印技术中,实现高分辨率结构的低成本、大批量生产。由于这种柔性复合模板可以在自然环境下制作和使用,不需要复杂的加工设备,只需要保持一定的清洁度就可以开展纳米尺度的结构制作,这非常适合缺少资金的小型实验室,降低了开展纳米结构研究的门槛。

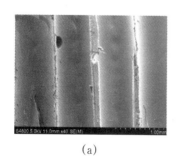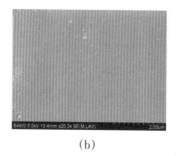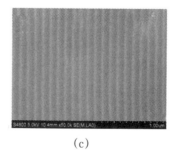

(a)   (b)   (c)

图 4.22　曲面压印实验结果的 SEM 图片

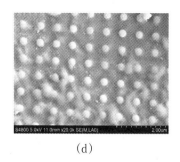

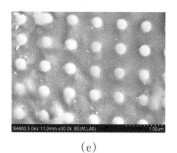

(d) (e)

图4.22(续)　曲面压印实验结果的SEM图片

(a)凹形曲面基底;(b)压印的光栅结构;(c)压印的光栅结构的放大图;(d)压印的纳米柱阵列结构;(e)压印的纳米柱阵列结构的放大图

第5章 聚苯乙烯微球自组装纳米结构 制备技术

自组装技术最初是基于带相反电荷的高分子交替吸附的原理在基底材料上制膜的技术,高分子之间由于静电相互作用而自行成膜。在该技术发展之初,用于成膜的物质主要为阴、阳离子聚电解质或水溶性的高分子,这一技术发展至今,已从简单的静电作用扩展至氢键、电荷转移、液体表面张力、范德华力等相互作用,不仅用于自组装制膜,也用于制备纳米结构。在纳米加工领域,其已成为一种重要的结构加工手段。

聚苯乙烯(PS)球是一种通过化学方法合成的尺寸可精确控制的纳米球形颗粒。其大小可根据需要来控制,在水溶液状态下呈单分散的胶体状态,具有很好的自组装特性,通过旋涂、沉积等方式可将其均匀、紧密地排列在基底上,并形成有规则的排布,且排列的层数可控。一般而言,单层排布的PS球的研究最多,由于其尺寸的均匀性,自组装PS球技术成为了一种高效的周期纳米结构制备技术。其制备的结构在分布上周期性好,重复性高,而且无需昂贵复杂的设备,成本低,效率高,因此其在纳米结构的研究中被广泛使用。然而,直接组装PS球获得的结构中,球与球之间是紧密排列的,不能实现本章研究目标中金属纳米狭缝结构的制备,因此,若要实现这一目标,需要在其自组装结构的基础上进行处理。

5.1 自组装与干法刻蚀相结合的纳米结构制备技术

5.1.1 金属球壳纳米狭缝阵列结构制备技术

我们设计了如图5.1所示的工艺流程。由于自组装PS球的实现方法研究已较为成熟,可从现有文献中查到多种方法来完成这一步骤,因此此处省略对其过程的介绍,我们将从获得自组装结果后开始进行工艺设计。首先,直接自组装后PS球的排布如图5.1(a)所示,此时PS球是紧密排列的,彼此之间没有空隙。然后,采用氧气对PS球进行刻蚀,在刻蚀过程中,每一个PS球的位置保持不变,而球的直径减小,因此将形成如图5.1(c)所示的排布方式。最后,在其表面镀上一层金膜,控制金属膜的厚度,使被刻蚀后的PS球的表面包覆上一层金,形成金属球壳。根据前面的理论分析,所镀金膜的厚度要大于40 nm,同时要保证镀金膜后,所形成的金属球壳之间存在间隙,其不能被填满,如图5.1(d)中箭头所指的区域,即为所设计的金属球壳纳米狭缝。且由于自组装时PS球本身是阵列排布的,因此获得的金属球壳纳米狭缝也将呈二维阵列分布。

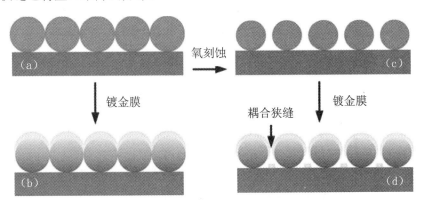

图5.1 金属球壳纳米狭缝阵列结构的制备工艺流程图

若在获得自组装的PS球阵列之后,不进行刻蚀处理而直接镀金膜,则得到的结构如图5.1(b)所示,相邻的PS球之间将不存在狭缝。相应地,其内部将不存在狭缝耦合共振,因此其局域场增强的能力有限。

根据以上参数分析结果以及工艺流程,下面我们将开展金属球壳纳米狭缝阵列结构的制备,以形成表面增强拉曼传感芯片。

该结构制备的第一步是完成PS球的自组装,我们采用旋涂法来完成这一过程,其操作步骤如下:

(1) 将直径为25 mm的石英基片放入$V_{H_2SO_4}:V_{H_2O_2}=3:1$的溶液中,在80 ℃热水浴下煮1 h;然后取出,并用去离子水反复冲洗。

(2) 将该基片放入$V_{NH_3H_2O}:V_{H_2O_2}:V_{H_2O}=1:1:5$的溶液中,用超声振荡0.5 h;然后取出,并用去离子水反复冲洗;冲洗后,将基片立即放入盛有去离子水的培养皿里面待用,注意不要将基片暴露在空气中。以上两个步骤的目的是使基片亲水,以便于PS球在其表面分散组装。

(3) 将基片取出放置于旋胶机的吸盘上,将PS球胶体溶液(购买自Duke公司)用移液器转移到处理后的基片上,先用低速使胶体溶液铺展开,然后用高速完成PS球的自组装,其高转速为2000 r/s,持续时间为25 s。在旋涂时,我们采用了两种直径的PS球,分别为$D=520$ nm和$D=750$ nm。

经过以上三个步骤,即完成了PS球自组装,接下来将进行本小节一开始所设计的工艺流程,其具体步骤如下:

(1) 将组装后的PS球基片放入反应离子刻蚀机中,利用氧气对PS球进行刻蚀,其中刻蚀功率为45 W,氧气流量为20 sccm[①]。对于$D=520$ nm的基片,刻蚀时间为150 s;对于$D=750$ nm的基片,刻蚀时间为210 s。

(2) 将刻蚀后的基片进行蒸发镀膜,所镀金属为金,镀膜厚度为50 nm。为了进行实验对比,在镀膜时,放入了一部分未刻蚀的PS球自组装基片作为参考。

经过以上步骤,所制备的器件实物照片如图5.2所示,其中标注为"A"的基片为一片未

① 在室温与标准大气压下,1 sccm=1 cm³/min。

经任何处理的石英玻璃,从照片中可以看到,该基片是完全透明的。标注为"B"的基片为自组装PS球后的结果,由于其上覆盖了一层单层的PS球,因此其颜色变成了白色。标注为"C"的基片为经以上步骤处理后,得到的表面增强拉曼芯片,该基片在不同的角度下,可观察到其表面反射不同的颜色。标注为"D"的是一枚用于对比的1元硬币,可看到所制备的器件的大小与硬币的大小相当。

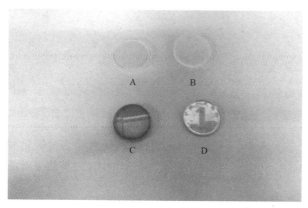

图5.2　制作实物照片

对于所制备的结构,其SEM图如图5.3所示,其中图5.3(a)和图5.3(b)为直径520 nm的PS球的制作结果,图5.3(c)和图5.3(d)为直径750 nm的PS球的制作结果;图5.3(a)和图5.3(c)为未经氧气刻蚀的参考结构,图5.3(b)和图5.3(d)为按设计工艺实现的结构。对于这几种结构,首先,可看出基于PS球自组装获得的结构排布的周期性较好,这表明该方法所制备的结构是可重复的。其次,对于未经氧气刻蚀的参考结构,结果显示球与球之间几乎没有空隙存在,是紧密排列的;而经氧气刻蚀后的结构中,球与球之间可看到明显的间隙存在,且这一间隙的尺度非常小,为15 nm左右,这表明其已形成了我们所期望的金属球壳纳米狭缝阵列结构。

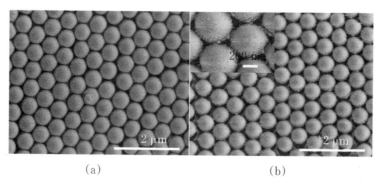

(a)　　　　　　　　　　　(b)

图5.3　制备结构的SEM图

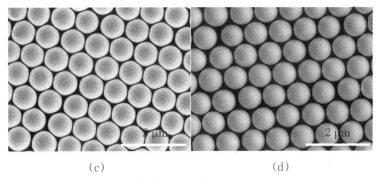

(c)　　　　　　　　　　　　　　(d)

图5.3(续)　制备结构的SEM图

(a) PS球直径520 nm,未刻蚀;(b) PS球直径520 nm,刻蚀;(c) PS球直径750 nm,未刻蚀;(d) PS球直径750 nm,刻蚀

5.1.2　金属-介质-金属纳米孔阵列的结构制备技术

根据金属-介质-金属纳米孔阵列的结构特点,我们在自组装PS球工艺技术的基础上提出了如图5.4所示的加工流程。

第一步:选择直径为D的PS球进行自组装制备,获得如图5.4(a)所示的紧密排列的PS球阵列结构。

第二步:利用氧气对PS球进行反应离子刻蚀,在这一过程中,由于PS球的位置不变,因此PS球之间将产生间隔,控制其间隔为d,即获得如图5.4(b)所示的结构。

第三步:通过镀膜工艺,依次在刻蚀后的PS球上镀上金、SiO_2、金,如图5.4(c)所示。

第四步:在镀膜完成后,将PS球去掉,得到如图5.4(d)所示的结果,即为所设计的金属-介质-金属纳米孔阵列结构。

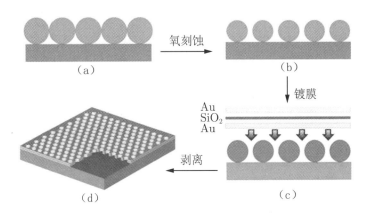

图5.4　金属-介质-金属孔阵列结构制备流程

在明确了其工艺流程后,下面将开始进行结构的制备,所采用的PS球的直径为$D=$310 nm,由于自组装PS球工艺与上一小节所用的方法和参数相同,这里不再重复。在刻蚀过程中,氧气的流量为20 sccm,刻蚀功率为45 W,刻蚀时间为150 s。在镀膜过程中,两层

金膜采用热蒸发镀膜技术来实现,其厚度与仿真结果相同,均为 45 nm;SiO₂膜则采用电子束蒸发镀膜技术来实现,根据理论计算结果,其镀膜厚度为 10 nm。在去掉 PS 球的过程中,我们采用软的具有一定黏性的表面平整的 PDMS,将镀膜后的基片用力压到 PDMS 表面,利用其黏性将 PS 球黏走。

在结构制备过程中,相应步骤所对应的 SEM 图如图 5.5 所示。其中图 5.5(a)为自组装 PS 球之后的结果,从中可以看到 PS 球之间排列非常紧密;图 5.5(b)为刻蚀 PS 球之后的结果,可以看到 PS 球之间出现了明显的空隙;在去掉 PS 球后,其结果如图 5.5(c)所示,这一结果显示获得了孔阵列结构。至此,我们完成了金属-介质-金属纳米孔阵列结构的制备。

（a）　　　　　　　（b）　　　　　　　（c）

图5.5　金属-介质-金属纳米孔阵列结构制备过程中的SEM图

5.2　自组装与纳米压印相结合的纳米结构制备技术

三维纳米结构(Three-Dimenstional Nanostructure)是指由零维、一维、二维中的一种或多种基本结构单元组成的复合材料,即在一个维度上有尺度变化的立体结构[105]。三维纳米结构尤其是阵列的结构具有纳米材料和结构的量子效应、尺寸效应与表面效应等物理特性,具备平面器件不具有的功能,在高灵敏度的纳米光学器件和生物传感器件方面具有广阔的应用前景[106-108]。

阵列式的纳米结构由于展现出巨大的应用潜能而受到越来越广泛的关注,如被应用在光催化、生物传感、电磁学以及超疏水材料等领域[109-111]。纳米柱、纳米孔、纳米球碗等阵列结构均具有特殊的功能特性,其中纳米球碗阵列结构属于一种三维纳米结构,基于其特殊的结构特点,可以被应用于细胞和分子的筛选、表面拉曼增强、生物催化等方面,因此这种特殊的三维阵列纳米结构成为研究的重点[112-114]。

目前,三维纳米结构的简单可控加工方法非常缺乏,严重阻碍了三维纳米结构与器件的快速发展和广泛应用,从而严重限制了其在高端纳米产业技术中的使用。为了实现三维纳米结构的制作,国内外众多科学家都开展了相应的研究,主要包括自组装生长、纳米印刷、飞秒激光加工以及载能粒子束加工技术等,但如何实现三维空间的可控加工和三维纳米结构的功能化,仍是具有极大挑战性的课题[115]。

我们考虑利用自组装和第4章所介绍的纳米压印技术相结合的方法制作三维纳米阵列

结构。基于巯基-烯材料的黏附性和耐腐蚀性,发展了一种将纳米压印技术与黏接技术相结合的新型结构制备工艺。黏接技术具有较长的使用历史,但大都被应用于工业生产中机械部件的黏接[116],具体的思路是利用黏性材料将两个机械部件黏接在一起,由此可以看出黏性材料是黏接技术的关键。目前国内外的研究小组已经利用一些黏性材料通过黏接技术制备了三维纳米球碗阵列结构[117]。如利用胶带、PDMS、PET、PC、丙烯酸酯等作为黏性材料,通过简单的黏接工艺过程制备了不同材料的纳米球碗阵列结构,如图5.6所示。

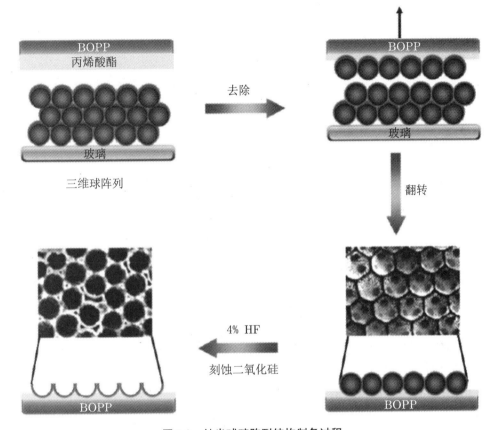

图5.6　纳米球碗阵列结构制备过程

　　图5.6中的制备方法是利用丙烯酸酯作为黏性材料,通过黏接过程和腐蚀过程实现了纳米球碗阵列结构的制备,验证了黏接技术可以被应用于复杂微纳结构的制备,其为纳米结构高效率低成本制作提供了一个新思路。但是现在使用的黏性材料普遍存在低黏性、低硬度、不耐高温等问题,容易造成结构的失真和损伤,因此我们提出引入新的黏性材料来发展黏接技术,将我们研制的性能优良的巯基-烯材料作为黏性材料,并结合自组装技术和镀膜工艺,发展新型的金属纳米球碗阵列结构制备工艺,其制备工艺过程如图5.7所示[118]。

　　首先,在石英基底上自组装单层PS球,小球的直径为520 nm,如图5.7(a)所示。接着,利用电子束蒸镀工艺在PS球上镀上一层金属薄膜,如金、铝、银等金属材料,膜厚约为十几纳米,足够平整覆盖整个PS球自组装层,填满球与球之间的缝隙,如图5.7(b)所示。然后,在金属膜层上面涂覆巯基-烯黏性材料,选择我们配制的巯基-烯材料组合PMMS/EGDMA(质量比为7∶5),材料黏度小于5 cP,杨氏模量大于1.0 GPa。由于巯基材料具有较低的黏度,可以迅速地在金属层表面形成一层平整的薄膜,厚度约为几百微米,并填满金属膜层上所有的凹凸结构,紧密地与金属层接触,如图5.7(c)所示。

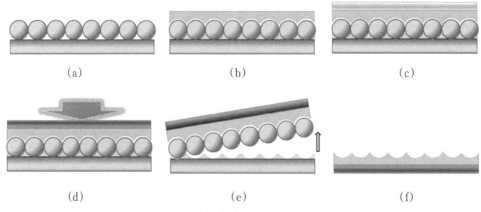

图5.7 金属纳米球碗阵列制备工艺过程

(a) PS球自组装;(b) 镀金属膜;(c) 涂覆巯基-烯固化胶;(d) 紫外光固化;(e) 将黏接在巯基-烯上的金属膜层和PS球从石英基底上剥离下来;(f) 去除PS球,获得金属纳米球碗阵列结构

将样品放置在紫外光下照射,巯基-烯材料层会快速固化并牢固地黏接在金属层表面,如图5.7(d)所示。在材料完全固化后,将黏接在巯基-烯材料上的金属膜和单层PS球从石英基底上剥离下来,如图5.7(e)所示。由于PS球只是简单排列在基底上,因此与金属膜层的黏附力更大,我们可以非常轻松地将单层PS球黏接下来。由于巯基-烯聚合物对氢氟酸和四氢呋喃等溶剂具有耐腐蚀性,所以在不影响结构的前提下可以利用这些溶剂将PS球溶解掉,最终获得如图5.7(f)所示的金属球碗阵列结构。巯基-烯材料在固化交联后会形成具有高杨氏模量的交联网络聚合物,呈现出高硬度的特性,因此不会发生弯折和断裂。最终制备的金属球碗阵列的排布方式和尺寸均不会出现失真、残缺、断裂等缺陷,确保了高保真、高精度金属纳米球碗阵列结构的制作。

利用我们发展的新型工艺制作的实验结果如图5.8所示,图5.8(a)是镀金膜的自组装PS球,图5.8(b)是涂覆巯基-烯材料层和金属膜的自组装PS球,图5.8(c)是以巯基-烯材料为基底的大面积的金属球碗阵列结构,图5.8(d)是壁宽尺寸为60 nm的金属球碗阵列结构的放大图。分析实验结果,直径为520 nm的PS球呈现六边形紧密排列,在大面积范围内单层均匀排列,在PS球上有一层厚度约为20 nm的金膜,将PS球的上半部分完全包裹。然后涂覆巯基-烯黏性材料,厚度约为800 μm,由于巯基可以与金发生化学键合,所以材料固化后会牢固地黏附在金膜表面。腐蚀掉PS球后,获得与PS球尺寸和排布相同的金属球碗阵列结构,经测量,金属球碗的口径为529.6 nm,复制误差为1.8%,满足高保真要求。将金属球碗阵列结构放大,可以分辨出球碗之间尺寸为60 nm的微小间隔,这是填满PS球之间缝隙的金形成的纳米突起。这种尖锐的金属结构增大了金属球碗的应用范围,如等离子体共振器、表面增强拉曼基底、高灵敏度传感器等。由于巯基-烯交联聚合物的高硬度,纳米球碗的分布没有改变,耦合的纳米突起结构也是均匀分布的。制备结果显示纳米球碗阵列具有高精度、高分辨率的特点,验证了新型加工方法的可行性。

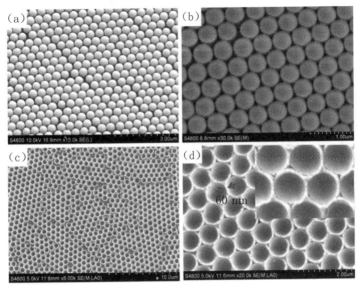

图5.8 金属球碗阵列制备实验结果的SEM图

(a) 镀金膜的PS球自组装单层结构;(b) 涂覆巯基-烯材料层和金属膜的自组装PS球结构;(c) 以巯基-烯材料为基底的大面积的金属球碗阵列结构;(d) 壁宽尺寸为60 nm的金属球碗阵列结构的放大图

但是从制作结果上还可以看出,有部分纳米球碗之间的三角形区域并没有被金属填满,从而导致一些球碗分离开来。这是因为在自组装过程中PS纳米球并没有完全排列紧密,且镀的金属膜非常薄,并不能完全填满空隙大的缝隙,从而造成纳米球碗的分离。因此,PS球的自组装过程有待进一步的优化,以形成大面积均匀紧密排列的单层PS球薄膜。

在新型的金属纳米球碗阵列加工工艺中,纳米球碗和纳米突起的尺寸可以通过在自组装过程中选择不同直径的PS纳米球或者利用反应离子刻蚀工艺对PS球进行消减来进行调节。因此,纳米球碗阵列的制备过程可以根据不同的自组装结构、尺寸、涂覆材料进行应用扩展。

随后我们对金属球碗阵列结构的加工工艺进行了更深入的研究,在改进工艺步骤的过程中,我们制作出了一种特殊的纳米球壳阵列结构,形状类似于在顶端开一个小孔的鸡蛋壳。具体的加工过程如图5.9所示,包括PS球自组装和涂覆黏性材料两大步骤,整个加工工艺类似金属纳米球碗阵列的制备方法。首先,通过自组装过程在石英基底上形成单层PS纳米球密排结构,纳米球直径为750 nm,如图5.9(a)所示。接着,直接将巯基-烯预聚物材料涂覆在PS球上,形成厚度为1 mm的薄膜。低黏度的巯基-烯材料迅速流平,并充分填充球与球之间的间隙,将PS球完全淹没包裹,如图5.9(b)所示。然后,放置在紫外光下照射固化,形成高硬度的聚合交联产物,牢固地包裹在PS球周围,如图5.9(c)所示。固化后,将单层PS球从石英基底上剥离下来,由于黏性较大的刚性巯基-烯聚合交联产物包裹在PS球表面,非常顺利地将大面积的PS球黏接下来形成包裹有PS球的巯基-烯刚性薄膜,如图5.9(d)和图5.9(e)所示。最后,利用四氢呋喃溶液溶解掉PS球,制备出巯基-烯聚合物材料的纳米球壳阵列结构,如图5.9(f)所示。由于PS球与基底接触的少许部分不会被巯基-烯材料包裹,所以在空球壳顶端有一个小孔,腐蚀性溶液通过小孔将PS球完全溶解掉。

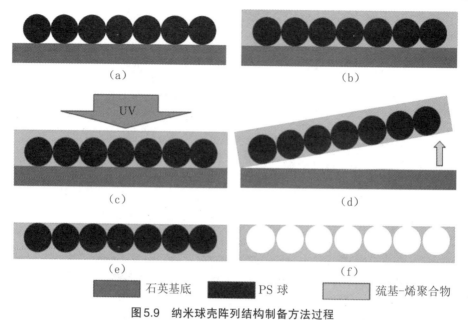

图5.9 纳米球壳阵列结构制备方法过程

(a) PS球自组装;(b) 涂覆巯基-烯预聚物材料;(c) 紫外光下固化;(d) 将PS球剥离下来;(e) 包裹 PS球的巯基-烯刚性薄膜;(f) 去除PS球,获得巯基-烯聚合物纳米球壳阵列结构

利用上述工艺过程,我们制作出了大面积的纳米球壳阵列结构,实验结果的SEM测试图如图5.10所示。图5.10(a)是石英基底上单层紧密排列的PS球,球的直径为750 nm,按照六边形紧密地均匀排列分布。球与球之间缝隙可以允许低黏度的液体巯基-烯材料填充并接触到石英基底表面,使得剥离PS球更加顺利。图5.10(b)是巯基-烯聚合物材料的纳米球壳阵列结构,球壳的直径为737.5 nm,制作精度为1.66%。球壳顶端小孔的口径为200 nm,该小孔是腐蚀性溶液的入口。顶端带有小孔的空球壳看起来像人的眼球,因此有望被应用于人工仿生复眼结构。另外还可以在空球壳中注入不同折射率的材料,形成一种特殊的新结构,或许可以带来更多的新应用。制备结果表明纳米结构具有高保真度,同时显示出了制备工艺简单、成本低和精度高的特点,并验证了巯基-烯材料具有良好机械性能和黏附性。

与金属纳米球碗的加工相同,纳米球壳的周期和尺寸可以通过调节PS球的直径来控制。在纳米球壳表面镀上一层金属,纳米尺度的金属小孔可以作为优良的表面增强拉曼基底。因此该制备过程可以通过调节PS球尺寸、镀膜材料以及结构材质获得更广阔的应用领域。

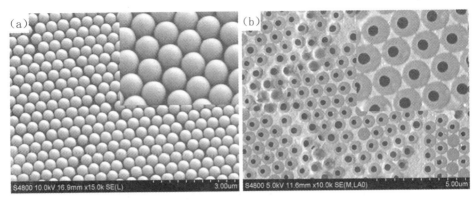

图5.10　实验结果的SEM图

(a) 紧密排列的自组装单层PS球结构;(b) 巯基-烯材料的纳米球壳阵列结构

在金属纳米球碗阵列结构和纳米球壳阵列结构制备技术的基础上,我们对这种特殊三维纳米结构加工方法进行了进一步的发展研究,重新考虑我们最初利用纳米压印技术制作阵列结构的想法,将纳米压印技术加入到纳米球碗阵列结构的加工中,发展出了一种不同口径纳米球碗可控制作的新工艺。通过调节工艺参数可以制作不同口径和不同形状的三维纳米结构,基本工艺流程如图5.11所示。整个流程包含四个步骤,如图5.11(a)～图5.11(d)所示的PS球自组装过程、压印胶旋涂过程、压印黏接过程以及腐蚀过程。在该制备工艺中,以自组装在石英基底上的单层PS球结构作为压印模板,新型研制的巯基-烯材料作为纳米压印过程的压印胶和黏接工艺的黏性材料。在压印黏接过程中,调节压印胶的旋涂厚度和压力大小,可以控制PS球浸没在压印胶的深度,在溶解掉PS球之后获得不同口径的纳米球碗阵列结构。

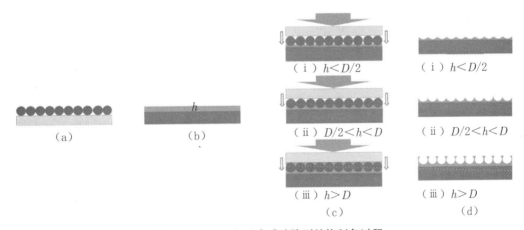

图5.11　不同口径纳米球碗阵列结构制备过程

(a) 自组装PS球,作为纳米压印模板;(b) 旋涂巯基-烯压印胶;(c) 压印黏接过程;(d) 不同口径的纳米球碗阵列结构

压印黏接过程有三种情况,如图5.11(c)所示:当压印胶膜层的厚度小于PS球的半径时,纳米球只能浸没一小部分;当膜层厚度大于纳米球的半径但小于其直径时,可浸没半个纳米球;当膜层的厚度大于纳米球的直径时,纳米球完全浸没,只剩下纳米球与石英基底接

触的小部分。由于巯基-烯压印胶黏度低、杨氏模量高、黏性高,所以在这三种情况下固化的巯基-烯压印胶都牢固地黏附在PS球上,压印脱模后,自组装单层PS球黏附在压印胶上,从石英基底上剥离下来。最后利用四氢呋喃溶液除去PS球,获得如图5.11(d)所示的三种不同口径的纳米球碗阵列结构。

自组装PS球的直径为520 nm,根据制备过程,在硅基底上旋涂巯基-烯压印胶的厚度 h 有三种,为200 nm、400 nm和700 nm,分别满足小于纳米球半径、大于纳米球半径且小于其直径和大于纳米球直径三种情况。在相同压力下,纳米球的浸没深度取决于压印胶的厚度。在压印固化和PS球溶解后,获得三种不同的球碗阵列结构,实验结果的SEM测试图如图5.12所示。图5.12(a)~图5.12(c)分别对应压印胶厚度 h 为200 nm、400 nm和700 nm的实验结果。

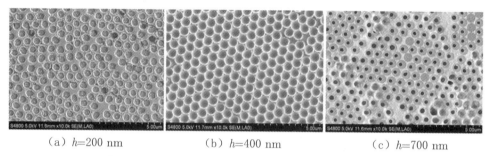

（a）$h=200$ nm　　　　　（b）$h=400$ nm　　　　　（c）$h=700$ nm

图5.12　三种不同尺寸纳米球碗阵列结构的SEM图片

（a）胶厚度为200 nm,口径为480.7 nm的球碗阵列结构；（b）胶厚度为400 nm,口径为529.6 nm的纳米球碗阵列结构；（c）胶厚度为700 nm,口径为192.3 nm的纳米球壳阵列结构

当压印胶厚度为200 nm时,小于纳米球的半径,纳米球只有小部分浸没在压印胶中,除去PS球后形成了非常浅的凹坑结构,凹坑的口径为480.7 nm。当压印胶厚度为400 nm时,大于纳米球的半径但小于其直径,半个纳米球都浸没在压印胶中,除去PS球后获得口径为529.6 nm的半球碗阵列结构。当压印胶厚度为700 nm时,大于纳米球的直径,在压印时整个PS球都会浸没在压印胶中,只剩余与基底接触的部分,腐蚀溶液会从这部分流进孔中将PS球腐蚀掉,形成顶端有小孔的空球壳阵列结构,小孔的口径为192.3 nm。

实验结果验证了这种将自组装PS球与纳米压印技术相结合制备阵列型排布三维纳米球碗结构新方法的优势,该方法工艺简单、操作灵活可控,可以通过调节工艺参数制备出不同的结构,成为制备特殊三维纳米球碗结构的优选方法之一。

第6章 可控龟裂纳米结构制备技术

6.1 纳米龟裂技术研究现状

龟裂是指因温度变化、状态改变等引起物质结构收缩,使结构从内部产生断裂的现象。比如干涸的大地因失去水分而产生裂缝,这样的自然龟裂都是随机的。在纳米薄膜结构的制备中,同样会发生龟裂,这样的龟裂是非常有害的。比如,透明电极氧化铟锡薄膜的龟裂将直接导致其导电性能产生不可逆转的下降。因此,在一般的器件制备过程中,龟裂是需极力避免的。

然而,近几年有人对这一"有害"物理现象开展了细致研究,发现了其存在一定的规律,在一定条件下表现出可控性,这为对这一现象的应用奠定了非常重要的基础。基于此,2008年 Seid Jebril 等人首次将其应用于纳米结构的制备[119],制备过程和结果如图6.1所示。首先,在基片上通过光刻方法将光刻胶制备成蝴蝶结形状,这一结构的中心处最窄;然后,将其直接置于液氮环境中,在其最窄的位置将因为光刻胶的冷缩而产生图6.1(a)中步骤(ⅱ)所示的龟裂,形成纳米沟道;最后,在此基础上获得了如图6.1(b)所示的金属纳米线。

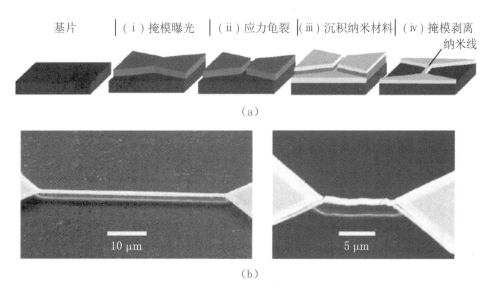

基片 | (ⅰ)掩模曝光 | (ⅱ)应力龟裂 | (ⅲ)沉积纳米材料 | (ⅳ)掩模剥离
纳米线

(a)

10 μm   5 μm

(b)

图6.1 基于龟裂制备金属纳米线[119]

然而,通过以上方法获得的纳米线的特征尺寸较大,并未显示出这一技术的优势,但其为这一技术在纳米制造领域的发展打开了一扇大门。在此基础上,2012年Koo Hyun Nam等人在 *Nature* 上报道了一个基于龟裂制备纳米结构的突破性成果[120],他们发现纳米龟裂可通过薄膜上的缺陷诱导,从而使其形成形状可控的纳米图案。基于这一方法,他们制备出了如图6.2(a)所示的"NATURE"图案,在这一结果中,除了可控性外,另一个引人注目的地方在于龟裂产生的缝隙的宽度最小达到了16 nm,且对于同一条龟裂的缝隙,其宽度几乎是均匀的。另外,从图6.2(b)可以看到,其龟裂的缝隙的深度非常深,表明这是一种可制备特征尺寸为纳米量级、且深宽比高的狭缝的工艺方法,若将这样的狭缝金属化,将产生非常强烈的局域场增强。

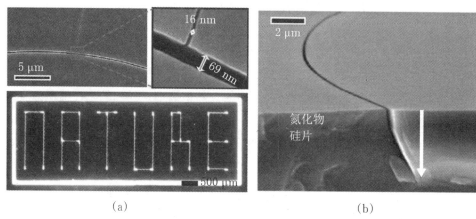

（a）　　　　　　　　　　　　　　　（b）

图6.2　基于缺陷诱导龟裂制备纳米结构图案[120]

然而,对于以上方法,需要预先在薄膜的表面制备诱导龟裂的缺陷,这样的缺陷需要通过光刻等方法来制备。更重要的是,缺陷的存在极大地限制了其所制备结构的应用范围。在这样的背景下,我们提出了一种无需缺陷诱导纳米龟裂的方法来制备结构可重复的具有高深宽比的纳米狭缝,下面我们就这一工艺方法进行介绍。

6.2　压印诱导龟裂的原理与有限元分析

我们提出的方法是利用外部压印诱导薄膜上的纳米龟裂,从而使形成的图案上没有额外的缺陷。其原理图如图6.3所示,对于紫外光固化胶形成的薄膜,采用一尖端较尖锐的压印模板在其上压印出较浅的凹陷,然后将紫外光固化胶固化。在固化的过程中,紫外光固化胶将收缩,其内部将因此而产生拉伸应力,当这一应力超过了材料本身的抗拉强度时,将发生像土地干涸一样的龟裂,但由于存在预先压印产生的凹陷,因此其龟裂将发生在凹陷位置,从而形成如图6.3所示的高深宽比纳米狭缝。这样既实现了龟裂的可控,又避免了在紫外光固化胶上引入额外的缺陷。若将压印模板根据需要图形化,则在紫外光固化胶薄膜上形成的龟裂图案将与压印模板的图案一致,表明这一工艺方法所制备的纳米狭缝的结构分布是可重复的。

对于这一工艺方法,我们接下来将进行有限元仿真,详细分析其内部应力和收缩情况的关系,从而明确其物理机制。

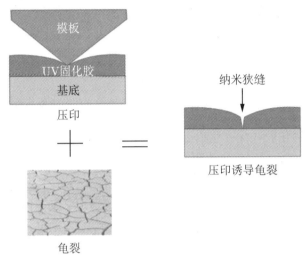

图6.3　基于压印诱导龟裂的原理图

图6.4(a)给出了一个简单的仿真模型,在这一模型中,其中间的凹槽代表模板压印引起的凹陷,同时图中标注了该模型中主要的结构参数,包括仿真模型的长度L,总的高度H_0,以及压印的凹陷深度h_p。在仿真过程中,紫外光固化材料的杨氏模量设为12.5 GPa,泊松比设为0.3[121],同时为了便于仿真,将其固化过程引起的收缩等效为温度降低过程的收缩。当$L=1$ μm,$H_0=0.5$ μm,$h_p=0.2$ μm,紫外光固化胶的收缩率为$\alpha=1\%$时,其应力仿真结果如图6.4(b)所示。该图表示仿真模型在x方向的应力分布,从中可发现在模型凹陷的区域内,应力是最大的,且最大值为478 MPa。这一数值远远超过了一般紫外光固化胶的抗拉强度(绝大部分紫外光固化胶的抗拉强度低于几十兆帕[122]),在这样的情况下,紫外光固化胶将在凹陷处被拉断,从而形成龟裂。

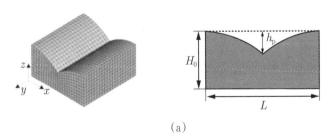

(a)

图6.4　紫外光固化胶在模板压印下的应力与体积收缩分布情况

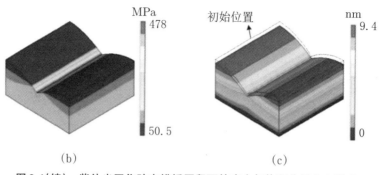

（b）　　　　　　　　　　　　　　　　　（c）

图6.4（续）　紫外光固化胶在模板压印下的应力与体积收缩分布情况

为了弄清紫外光固化胶收缩产生以上应力的具体原因,我们进一步仿真了模型中的收缩分布,其结果如图6.4(c)所示。从该图可以看出,在紫外光固化胶最厚的地方其收缩量最大,在越薄的地方收缩量越小。另外,在凹陷位置所在的水平面内,凹陷处的收缩量是最小的,越远离凹陷的位置收缩越厉害,这一收缩量的不对等造成了远离凹陷区域对凹陷处的拉扯,即形成了拉伸应力,且凹陷两侧的拉伸应力的方向相反,这即形成了图6.4(b)所示的应力分布情况。

在明白了模板压印诱导紫外光固化胶龟裂的物理机制之后,下面我们将分析其相应的参数对龟裂的影响,由于龟裂是由内部拉伸应力产生的,因此将通过其内部最大应力水平来反映龟裂的规律。

首先我们分析紫外光固化胶固化过程中收缩率的影响。在保持材料的杨氏模量和泊松比不变的情况下,收缩率与模型中拉伸应力的关系如图6.5所示。这一结果显示,所用的紫外光固化胶的固化收缩率越大,其收缩引起的拉伸应力就越大,这也表示该材料越容易发生龟裂。同时从该结果中可以看出,紫外光固化胶固化的拉伸应力与其收缩率呈线性关系。然而,在实际的工艺过程中,材料的收缩率过大将产生新的问题,即紫外光固化胶表面稍有凹陷就可能发生龟裂,从而导致过程变得不可控,不利于纳米图案的制备。因此,在选择紫外光固化胶时,需要综合考虑其材料性质,以便获得较好的龟裂结果。

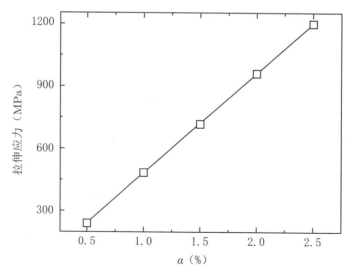

图6.5　紫外光固化胶固化收缩率与拉伸应力的关系

下面我们将分析仿真模型的结构参数对其拉伸应力的影响。其中，紫外光固化胶厚度 H_0、压印深度 h_p 与应力的关系曲线如图6.6所示，在这一结果中，其他参数保持不变。该结果显示，其内部的拉伸应力首先随压印深度的增加而增加，当压印深度为 $0.25\ \mu m$ 时，应力达到最大；之后压印深度继续增加，应力则下降。这一规律说明在压印诱导龟裂过程中，存在最优的压印深度，但这一深度从现有的结果中还无法获知。对于紫外光固化胶的厚度 H_0，从结果中可以看到其变化对紫外光固化胶的拉伸应力影响较小。当压印深度较浅时，这一参数几乎没有影响；只有当压印的凹陷较深时，更厚的紫外光固化胶才会引起拉伸应力的小幅增加。这一结果说明紫外光固化胶的厚度不是影响其龟裂的关键因素。

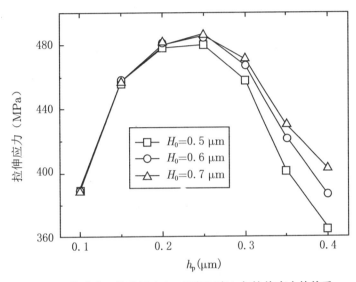

图6.6　紫外光固化胶厚度 H_0、压印深度 h_p 与拉伸应力的关系

为了进一步弄清压印诱导龟裂的影响因素，我们分析了模型的长度参数 L 对紫外光固化胶拉伸应力的影响，其相应的结果如图6.7所示。从该结果中可以发现，压印深度 h_p 的最优值将不再固定，而是随着模型长度 L 的增加而增加，且最优值的大小与长度 L 的 $1/4$ 非常接近。在图6.4(a)所示的模型中，长度 L 为仿真模型的周期。因此，这一结果说明在该工艺过程中，压印的最优深度为所制备结构周期的 $1/4$，此时紫外光固化胶内部的拉伸应力最大，最容易发生龟裂。图6.7的结果同时显示，当模型的长度 L 增加时，其在压印深度最优情况下的应力也会随之增加，这说明对于周期越大的结构，其龟裂越容易发生。相反地，若需要制备周期小的纳米结构，为了获得较好的龟裂结果，则需选择收缩率较大的紫外光固化材料。

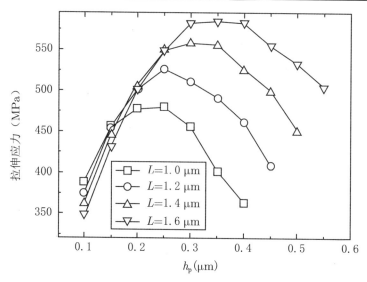

图6.7　模型长度L、压印深度h_p与拉伸应力的关系

以上仿真分析结果为本书提出的压印诱导龟裂的纳米结构制备技术提供了理论基础，将为其实验的开展提供理论指导。

6.3　V型金属纳米狭缝结构的制备

在完成了对基于压印诱导龟裂的纳米加工技术的理论分析之后，下面我们将利用这一加工技术开展金属纳米狭缝结构的制备。

结合前面提出的该工艺的原理，我们提出了如图6.8所示的工艺流程，下面结合具体的实验，对这一工艺步骤进行介绍。

第一步：选择一片表面平整的硅片，并将其表面清洁干净。

第二步：利用旋涂工艺，在硅片表面旋涂一层紫外光固化胶（我们选择基于巯基材料的紫外光固化胶），紫外光固化胶的厚度大于200 nm。

第三步：用一块表面干净的PDMS软膜沿一边轻轻贴盖在紫外光固化胶表面，在背光的环境下静待2 min，使PDMS软膜与紫外光固化胶充分接触。

第四步：从一边将PDMS软膜轻轻揭下来以移除支撑的硅片，此时在PDMS上将形成一层紫外光固化胶的薄膜。

第五步：将含有紫外光固化胶薄膜的PDMS软膜轻轻贴盖在压印模板上，放在紫外光下固化，光强为40 mW/cm²，固化时间为1 min。在固化过程中，紫外光固化胶将产生收缩反应，根据前面的分析，此时其内部将产生拉伸应力，且被压印的位置处因应力最大而发生龟裂。

第六步：待紫外光固化胶完全固化成型后，将PDMS软膜沿一边轻轻揭下来，即可在紫外光固化薄膜上得到龟裂产生的纳米狭缝结构。

第七步:将所获得的结构金属化,即得到所需的金属纳米狭缝结构。

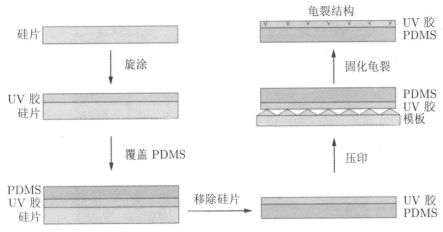

图6.8 压印诱导龟裂工艺流程

在以上工艺过程中,紫外光固化胶为含巯基的高分子材料,这一材料可有效隔绝氧气、水等干扰,因此压印过程无需真空或氮气环境,可直接在自然环境中进行。且压印过程无需压印机,直接利用PDMS的重力使压印模板进入紫外光固化胶中,因此其环境友好,无需复杂的设备,容易操作,成本低。

在具体的实验中,我们采用的压印模板为多孔阳极氧化铝(AAO),其结构如图6.9(a)所示。从该图中可以看出AAO的多孔结构整体呈六边形分布,从其放大的SEM图中可以看到,在每两个孔之间,孔壁上都存在一尖锐的棱。这一结构特点与压印诱导龟裂原理图是一致的,因此AAO是较理想的压印模板。

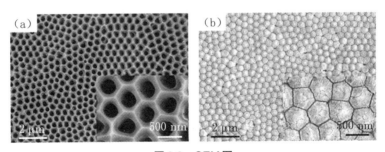

图6.9 SEM图

(a) AAO压印模板;(b) 紫外光固化胶上的压印诱导龟裂结构

经AAO压印诱导龟裂过程后,在紫外光固化胶上获得的结构SEM图如图6.9(b)所示。该结果显示,其整体图案的排布方式与AAO是一致的,而且分布均匀。从内插的放大图上可以看到,在AAO压印产生的凹陷位置具有非常明显的裂纹,这一裂纹的颜色较深,不是直接压印可以产生的,因此可断定其是由龟裂引起的。该图同时显示每一个被压印的位置均发生了这样的龟裂,且龟裂产生的狭缝宽度很窄。

为了更多地获得紫外光固化胶上形成的纳米狭缝的信息,我们使用原子力显微镜(AFM)对其进行了扫描,其结果如图6.10(a)所示。从这一结果中可清楚地观察到因龟裂而产生的纳米狭缝,狭缝不仅在宽度上很窄,而且深度较深。我们在图6.10(b)中给出了

AFM图中直线所标注的深度细节,从这一结果中给出的5个龟裂狭缝可以看出,所获得狭缝半宽在30 nm左右,深度在100 nm左右,深宽比超过了3:1。

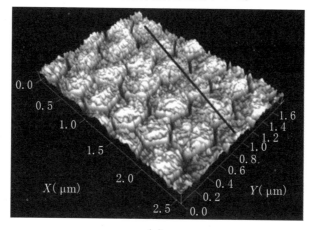

(a)

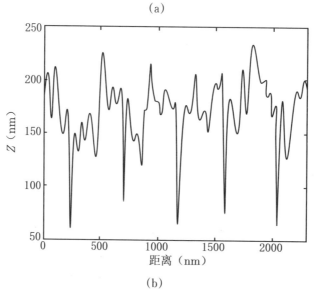

(b)

图6.10 压印诱导龟裂狭缝结构的AFM图(a)和AFM图中直线上的深度细节(b)

第7章 表面等离子体共振传感技术

7.1 表面等离子体共振传感研究现状

在开始这一部分研究内容之前,首先介绍一下表面等离子体共振传感的研究现状和存在的问题。

在3.1.1小节中,我们分析了金属结构中基于表面等离子体共振形成折射率传感的理论机制,经过30多年的发展,现在已拥有大量的研究成果,目前表面等离子体传感朝着高通量、高灵敏度、高稳定性能的方向发展。在第1章中,我们介绍了目前表面等离子体传感的几种探测方式:角度探测、波长探测、相位探测和强度探测。其中光路最简单,最容易实现基于多通道技术的高通量传感的是强度探测方式,其原因如下:

强度探测光路系统中,没有复杂的光谱测量过程,没有机械旋转装置等,信息的获取方式直接,可有效缩短测量时间,并且可以利用成像探测器件(如CCD、CMOS等)将传感芯片分成不同区域同时进行测量,可实时获得多个区域的折射率变化信息,测量效率最高,因此其也被称为表面等离子体成像传感技术。下面简要介绍一下这一传感技术的实现过程。

由于辐射电磁场直接照射于金属表面不能激发表面等离子体共振,因此表面等离子体传感芯片进行折射率探测通常需要利用Kretschmann棱镜作为激发金属薄膜表面等离子体的辅助手段,如图7.1所示。波长为λ的TM偏振光以θ角入射于棱镜表面,当入射水平方向的波矢分量k_x与金属薄膜表面等离子体的波矢k_{sp}相等时,产生表面等离子体共振,入射电磁场几乎全部转化为表面等离子体波,反射光的能量接近于零。当金属表面介质的折射率发生变化时,共振条件发生改变,导致反射光的强度发生变化。这就是基于强度探测方式的表面等离子体传感器的工作原理。例如,在金属表面结合一层特异性生物分子(抗体),如图7.1所示,当该抗体与被检测物中的目标抗原结合后,金属表面介质的有效折射率发生改变,通过测量反射光强的变化即可以得到被检测物中是否含有目标抗原的信息。

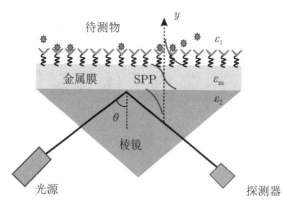

图7.1 单层金膜结构的表面等离子体传感结构

对于这一高通量的传感技术,为了获得准确的测量结果,在实际需求中,还需要传感芯片同时具有高灵敏度与高化学稳定性,即金属表面介质环境折射率的一定变化对应尽可能大的反射光强变化,并且在各种复杂化学环境下,金属的性质能够保持稳定。在众多的常用金属中,银纳米薄膜作为表面等离子体传感的探测芯片灵敏度较高,但其容易氧化。而用金纳米薄膜制作的表面等离子体成像传感探测芯片不易氧化,并且与生物分子的亲和性较好,是利用表面等离子体传感进行生物探测的首选。因此传统的表面等离子体传感芯片在制作中主要采用金材料,其结构形式如图7.1所示,棱镜表面为纳米量级厚度的金膜。但基于金膜的传感芯片存在灵敏度较低的问题。

7.2 双层金属膜表面等离子传感增强理论

7.2.1 双层金属膜传感芯片的理论设计

针对7.1节提出的问题,我们提出了基于金和银相结合的双层金属膜结构的传感芯片,利用金属银较高的表面等离子体激发效率使传感芯片获得较高的灵敏度,同时利用金的化学稳定性将容易氧化变性的银保护起来,从而使整个芯片同时满足高灵敏和高稳定的实际要求。

我们提出的金银双层纳米薄膜生物传感芯片结构如图7.2所示,在表面等离子体共振耦合棱镜表面存在两层金属膜。根据上面的思路,在镀金膜前先镀一层银膜,金膜起化学稳定性和生物分子亲和性的作用,内层的银膜用于提高芯片的灵敏度。

在明确了以上结构之后,下一步需要对其结构参数进行设计,其中金属膜是该传感芯片的核心,因此,参数设计的重点在于两层膜厚度的设计。对于图7.2所示的结构,其一共包含四层不同的材料,分别为棱镜(层1)、银膜(层2)、金膜(层3)、待探测的生物分子层(层4)。对于这样的四层结构,应用菲涅耳反射公式可得其反射率,在TM偏振模式下,其表达式为

$$R_{1234} = \left| \frac{r_{12}^p + r_{23}^p \mathrm{e}^{\mathrm{i}2k_{z2}d_2} + r_{34}^p \mathrm{e}^{\mathrm{i}2k_{z2}d_2} \mathrm{e}^{\mathrm{i}2k_{z3}d_3} + r_{12}^p r_{23}^p r_{34}^p \mathrm{e}^{\mathrm{i}2k_{z3}d_3}}{1 + r_{12}^p r_{23}^p \mathrm{e}^{\mathrm{i}2k_{z2}d_2} + r_{23}^p r_{34}^p \mathrm{e}^{\mathrm{i}2k_{z3}d_3} + r_{12}^p r_{34}^p \mathrm{e}^{\mathrm{i}2k_{z2}d_2} \mathrm{e}^{\mathrm{i}2k_{z3}d_3}} \right|^2 \tag{7.1}$$

上式中

$$r_{ij} = \frac{Z_i - Z_j}{Z_i + Z_j} \tag{7.2}$$

其中 $Z_i = \varepsilon_i / k_{zi}$；$k_{zi} = k_0 \sqrt{\varepsilon_i - \varepsilon_1 \sin^2(\theta_i)}$；$\varepsilon_i$ 表示第 i 层介质的介电常数；d_2，d_3 分别表示银膜和金膜的厚度；θ_i 为棱镜中光线的入射角。

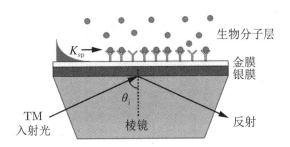

图7.2　金银双层纳米膜结构的表面等离子体生物传感芯片的示意图

根据前面的描述可知，被测分子层的折射率是通过探测反射光强度而得到的，因此，该传感芯片的灵敏度可用下面的公式定义：

$$S = \left| R(n_H) - R(n_L) \right|_{\max} \Big/ \Delta n \tag{7.3}$$

该定义的物理意义是被测物质折射率由 n_L 变化至 n_H 时，单位折射率变化引起的最大反射光强变化量，它代表反射率随被测物质折射率变化的斜率。斜率越大，单位折射率变化引起的反射光强也就越大，芯片的灵敏度也就越高。同时，为了便于通过反射率获得折射率的大小，我们希望在一定的折射率测量范围内，反射率随折射率的变化具有较好的线性度，因此，我们给出了线性偏离程度的定义公式，即

$$L_D = \left\{ \left[R(n_H) - R(n_{mid}) \right] - \left[R(n_{mid}) - R(n_L) \right] \right\} \Big/ (S \cdot 0.5 \Delta n) \tag{7.4}$$

其中 $n_{mid} = (n_L + n_H)/2$。从该定义可以看出，L_D 的值越接近 0，该传感芯片具有越好的线性度。

在金属薄膜的材料和结构选定后，通过对双层金属膜的厚度进行优化组合，可以得到最佳的灵敏度和线性度。利用式（7.1）～式（7.4）可以得到不同厚度组合的金银双层膜灵敏度 S 与线性偏离度 L_D 的计算结果。

在进行参数设计时，入射光选择波长 $\lambda = 632.8$ nm 的氦氖激光器（He-Ne 激光器）所发出的光，耦合棱镜采用折射率 $n = 1.545$ 的 BaK3 玻璃。根据第 2 章 2.1 节的内容，在此波长下银和金的介电常数分别设为 $\varepsilon_2 = -15.9183 + 1.0757\mathrm{i}$ 和 $\varepsilon_3 = -9.3418 + 1.1159\mathrm{i}$。由于测试的对象是生物分子，其溶剂一般为水，因此芯片的折射率测量范围选择 $(n_L, n_H) = (1.33, 1.34)$。

灵敏度 S 的计算结果如图 7.3 所示，由该图可以看出，当金银膜的厚度取值范围在 5～70 nm 之间时，具有较高灵敏度的区域共有两个，分别表示为 A 和 B。A 区域是金银膜厚

度都小于 15 nm 的区域,在这一区域内,灵敏度 S 一般都大于 40 /RIU。当金银膜厚度均为 5 nm 时,该区域内可以得到的最高灵敏度为 53.37 /RIU,该区域所对应的入射角 $\theta_i =$ 59.4°,此角度为棱镜表面的全反射临界角。因此,此处产生高灵敏度的原因是金属膜太薄,导致全反射的发生,而被测物折射率的改变将导致全反射临界角的改变,并非是表面等离子体效应。另一个灵敏度较高的 B 区域金膜厚度在 5~20 nm 之间,银膜厚度在 35~60 nm 之间,在这一区域中最高灵敏度为 54.84 /RIU,对应的入射角 $\theta_i =$ 67.2°,这时金膜厚度为 5 nm,银膜厚度为 47 nm。

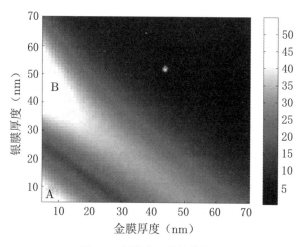

图 7.3 灵敏度 S 的计算结果

灵敏度线性偏离程度的计算结果如图 7.4 所示,该图显示在灵敏度较高的 A 区域内,线性偏离程度 L_D 值均较大,普遍都在 70% 以上。这说明棱镜本身的临界全反射虽然可获得很高的灵敏度,但线性度非常差,在实际操作过程中,对折射率的定量测量比较困难,因此这一膜厚组合不适于制作传感芯片。在图 7.3 对应的 B 区域内,可看到其反射率与折射率变化的线性偏离程度通常都小于 1%,这说明此时的线性度很好,便于测试。因此,对于金银双层膜结构的传感芯片最佳的银膜、金膜厚度分别为 47 nm 与 5 nm。

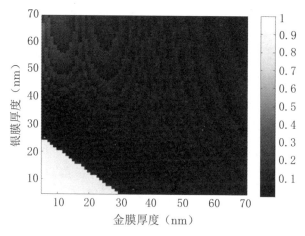

图 7.4 线性偏离程度 L_D 的计算结果

7.2.2 双层膜结构芯片的灵敏度增强

对于以上设计结果,其灵敏度是否如预期的一样高于传统的单层金膜结构传感芯片的灵敏度,我们接下来进行验证。单层金膜结构的菲涅耳反射率公式为

$$R_{123} = \left| \frac{r_{12} + r_{23}e^{2ik_{z2}d}}{1 + r_{12}r_{23}e^{2ik_{z2}d}} \right|^2 \tag{7.5}$$

采用与上面相同的方法,我们首先对金膜的厚度参数进行优化,其过程不再重复,最终获得的最优金膜厚度为 55 nm,所对应的最优灵敏度为 30.4 /RIU。为了更直观地展示其灵敏度的对比结果,下面给出两种结构在最佳参数下的反射率随折射率变化的曲线结果。

由图 7.5 的结果可以看出,当折射率的测量范围在 1.33~1.34 时,单层金膜与金银双层膜的线性度都比较好,金银双层膜的灵敏度是单层金膜灵敏度的 1.8 倍,即与传统的单层金膜结构相比,本书提出的金银双层膜结构的表面等离子体传感芯片可使灵敏度提升约 80%。对于金银双层膜结构,随着折射率测量范围的增加,折射率-反射率曲线斜率很快趋近于零;当被测物的折射率大于 1.36 时,随着被测物折射率变大反射几乎不变,意味着这时当被测物质的折射率进一步变大时该传感芯片将无法进行测量。而对于单层金膜结构,随着折射率测量范围的增加,折射率-反射率曲线斜率变小,但斜率变小的趋势要慢一些,其可测量的折射率范围也更大一些。对于微量物质的检测,一般其折射率变化的范围并不大,因此对于本书前面提及的 (1.33, 1.34) 折射率区间内,这两者的线性度差别很小。

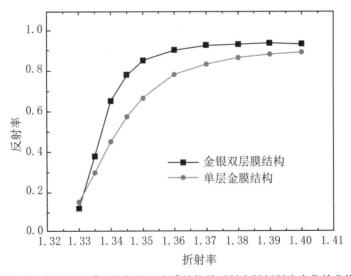

图 7.5 金银双层膜结构与单层金膜结构的反射率随折射率变化的曲线

7.2.3 双层膜结构中的混合共振增强

为了进一步分析双层膜结构传感芯片的灵敏度强于传统单层金膜结构的原因,我们对

这两种情况中的场分布情况进行了求解。对于膜层结构而言,可直接采用Maxwell方程组对其进行求解,结合第2章中的理论推导,我们直接写出其内部的电磁场所满足的方程,具体如下:

$$E_x = -\mathrm{i}\frac{1}{\omega\varepsilon_0\varepsilon_i}\frac{\partial H_y}{\partial z} \tag{7.6}$$

$$E_z = -\mathrm{i}\frac{\beta}{\omega\varepsilon_0\varepsilon_i}H_y \tag{7.7}$$

$$H_y = A_i\mathrm{e}^{\mathrm{i}\beta x}\mathrm{e}^{k_i z} + B_i\mathrm{e}^{\mathrm{i}\beta r}\mathrm{e}^{-k_i z} \tag{7.8}$$

其中$k_i{}^2 = \beta^2 - k_0{}^2\varepsilon_i$,$k_0 = \omega/c$为自由空间波矢,$i$表示结构的层数。对于图7.2所示的结构,其表面等离子体波矢满足如下关系:

$$\beta = \sqrt{\varepsilon_1}\,k_0\sin\theta_i \tag{7.9}$$

针对优化的参数设计结果,将公式(7.9)代入公式(7.6)～公式(7.8)中,同时假设入射场为1,再结合不同边界上切向电场和法向电位移矢量的连续性,即可获得表征场大小的所有A_i,B_i的解。

图7.6给出了两种结构中归一化电场的分布情况,其中的曲线表示通过以上公式计算获得的电场强度。首先,从两个结果中可以看出,当入射场经过金属膜后,电场强度在靠近被测物一侧的金属界面上被强烈地增强了,且此时达到最大,进入被测物后,则呈指数衰减,这即为金属表面等离子体共振所产生的场的特点。其次,通过对比图7.6(a)与图7.6(b)两图中金属界面上最大的电场强度的值,可以看到金银双层膜结构中的场强远大于单层金膜结构的情况,且其电场的增强量刚好为80%。这一数值与上一小节中灵敏度的增强结果一致,这说明采用金银双层膜可获得更高传感灵敏度的原因是其所激发的表面等离子共振引起的局域场比单层金膜结构的强,这与我们最初的设计思想吻合。

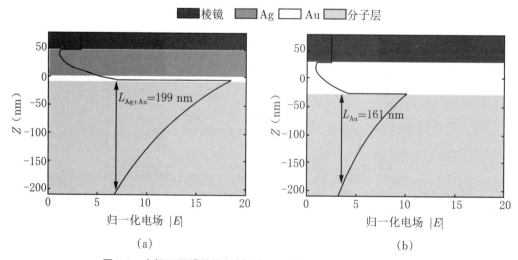

图7.6 金银双层膜结构(a)与单层金膜结构(b)的电场强度对比

在图7.6所示的电场分布中,还包含了另外一个非常有意思的信息,即电场在被测介质中的衰减长度(电场强度减小到1/e所对应的距离)。从图中可以看出金银双层膜结构中的衰减长度为199 nm,单层金膜结构中的为161 nm。这说明在金银双层膜结构中,可与表面等离子体局域场作用的被测物的厚度比单层金膜结构厚;若被测物为生物分子,则表示可与增强的局域场作用的分子数量更多。因此,我们提出的双层膜结构的传感芯片可探测的深度比传统的单层金膜更深,更有利于生物分子的探测,这是其另一个特点。

7.3　双层金属膜传感芯片加工

在完成了金银双层膜结构的表面等离子体传感芯片的参数设计之后,下一步我们将进行芯片的制备。

由于所设计的芯片结构为金属薄膜,因此,可直接通过镀膜的方式来实现。比较精确的金属镀膜方式包括蒸发镀膜、溅射镀膜等,此处我们采用蒸发镀膜以获得高质量的金属纳米薄膜。

在理论设计时,金属膜是直接存在于棱镜上的。但以棱镜为基底时,其蒸发镀膜的操作过程相对复杂,不仅需要比较复杂的棱镜夹具,镀膜所获得的成品率也得不到有效的保障。另外,金属纳米薄膜在传感中有一定的使用寿命,其所构成的传感芯片属于消耗品,在实际使用过程中需经常更换。若将金属膜直接镀于棱镜的表面,不仅不利于芯片在传感系统中更换,而且玻璃棱镜的价格较高,导致芯片成本较高,这不利于实际应用。鉴于这些原因,我们将不采用直接在棱镜表面镀膜的形式。

为了达到与设计结果一致的效果,我们采用与棱镜材料相同的平行的玻璃基片作为衬底,在其上制作金属膜,形成所需的表面等离子体传感芯片,然后采用折射率匹配液将其与棱镜结合在一起。这样不仅便于芯片更换,而且芯片的制作简单,成本低。根据这一思想,所制备的芯片的结果如图7.7所示,可以看到,芯片的大小与1角的硬币相当,边长仅为2 cm,其中标注的A、B、C、D表示不同的分组。

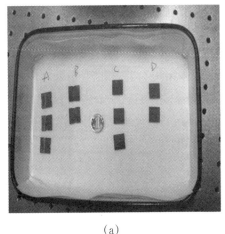
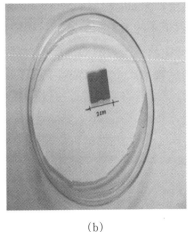

(a)　　　　　　　　　　　　　(b)

图7.7　芯片加工结果

7.4　表面等离子体传感系统搭建

为了实现对所制备芯片的实验验证与应用,下面我们将搭建基于光强度探测的表面等离子体传感系统。

根据前面所描述的光强度探测的原理,所搭建传感系统的示意图如图7.8所示。首先He-Ne激光器发出的光,经偏振片后变成TM偏振光,再经过扩束器,变成放大的平行光束,使其到达传感芯片时可照射更大的区域,以便于多通道成像,使传感系统具有高通量的特点。传感芯片位于棱镜表面,之上为微流道,使被检测溶液从芯片的表面流过。经棱镜的反射光利用光电二极管阵列收集,转换成电信号,电信号再经过电流放大器,进入AD转换器中,转换成数字信号导入计算机进行处理。

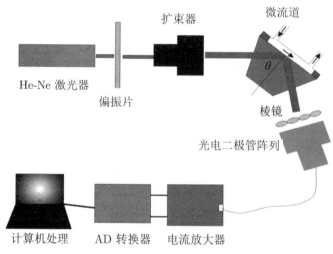

图7.8　表面等离子体传感系统示意图

多通道技术详细的构成如图7.9所示,其核心在于将棱镜表面的传感区域划分成几个通道,每一个通道中的被检测溶液通过微流道进出传感芯片的表面,通道之间彼此隔离,互不影响,即每一个通道所检测的物质可以是不同的,这相当于一种并行技术。此外,在每一个通道的不同位置设置不同的检测子区域,子区域内可进行特殊的生物处理以便于对特定物质进行检测,其原理类似于抗原-抗体的特异性结合,这相当于一种串行技术。另外,在扩束的平行光进入棱镜之前,有一个针对不同检测子区域的光开关,用于选择需要检测的子区域。通过这样的处理方式,即可实现高通量的传感检测。

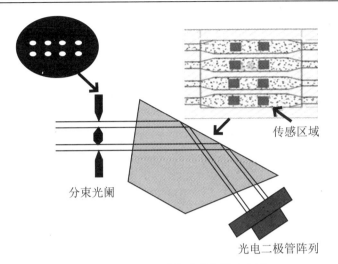

图7.9　多通道传感成像的示意图

对于这一微流道,采用具有弹性的PDMS材料来实现,在这里我们制作了4个通道,其与上一节中制备的传感芯片集成到棱镜表面后的结果如图7.10所示。该图的中间区域为芯片所在位置,PDMS所制备的微流道紧贴芯片表面,每一个微流道通过塑料软管与外界连通,以便于被测溶液的流通,图中箭头所示方向表示了溶液进出的方向。

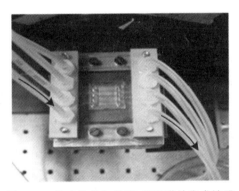

图7.10　传感芯片与棱镜、微流道的集成结果

在本系统中,除了核心的传感芯片之外,另一个重要的部分是光信号的探测实现。对于探测器,我们采用灵敏度较高的光电二极管阵列,阵列排布为4×4,每一行对应一个微流道,每一个子探测器拥有独立的信号输出,可对信号分别处理。将其连接到电流放大电路中后的结果如图7.11所示,图中放置的游标卡尺的量程为20 cm。

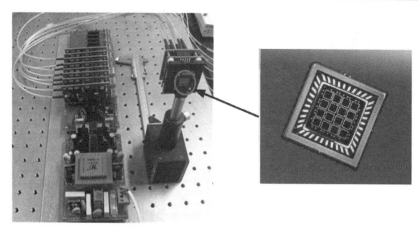

图7.11　光电二极管阵列与电流放大电路

由于反射光强的变化直接代表了被测物质折射率的变化,因此,这需要整个光路中光强的波动性尽量小。然而,任何激光器都存在输出光功率的波动,其波动情况如图7.12中消噪前的两条曲线所示,可见激光光源本身的光强波动性是比较大的,这对于传感系统而言将大大降低系统的灵敏度。因此,我们采用参考光路的方式对光源波动噪声进行消除。其基本原理是将光源的出射光分成两束,一束用于传感,另一束作为参考光直接被探测器接收,再将传感信号与参考信号相除,即可将光源的波动性消除。图7.12给出了采用这一方法消噪后的情况,可看到其波动性被显著降低,稳定性提高一个数量级以上。

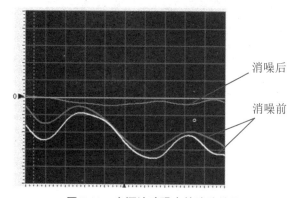

消噪后

消噪前

图7.12　光源波动噪声的消除结果

在完成了以上准备工作后,下一步是搭建实验光路系统,其核心部分如图7.13所示。这是一个以一块支撑面板为载体的开放实验系统,圆圈内为其核心的传感区,即图7.10所示的部件,微流泵用于控制被测溶液的流入与流出,保证进入微流道的液体流速恒定。在该实验装置中,为了获得最佳的光线入射角,在支撑面板的后面装有一个步进电机,用于精确控制传感区的转动以选择激光的最佳入射角,同时在支撑面板上有一个弧形的滑槽,用于同步调整信号光探测器的角度。

图7.13　传感实验装置

7.5　表面等离子体传感实验

在开展传感测试实验之前,需要明确被测对象,由于蔗糖溶液在不同的浓度下折射率有较为明显的差别,因此我们采用不同浓度的蔗糖溶液来对所设计的芯片和系统进行验证。采用阿贝折射仪对蔗糖溶液的折射率进行标定,其标定的结果如表7.1所示,可看出蔗糖浓度从0变到7.5%时,折射率从1.3328变成了1.3440,且其变化基本呈线性关系。

表7.1　蔗糖溶液浓度与折射率的标定结果

浓度 C(%)	0	1.0	2.0	3.0	4.0	6.0	7.5
折射率 n	1.3328	1.3344	1.3363	1.3378	1.3393	1.3417	1.3440

然而,阿贝折射仪所标定的结果精度不高,其直接测量的结果无法实现对高灵敏的表面等离子体传感系统的灵敏度表征,因此,根据以上规律,我们通过数据拟合,获得了如下的折射率与浓度之间的关系:

$$n = 1.3328 + 0.0015 \times C \tag{7.10}$$

在该系统中,从公式(7.9)可知,激光的入射角度决定了在金属膜表面的表面等离子体共振是否可以被激发,即这一传感技术与入射角是密切相关的,因此为了在实验中获得最佳的入射角,首先需要对角度进行优化。利用图7.13中的装置可以实现这一功能,针对最低浓度的纯水和最高浓度(7.5%)的蔗糖溶液,分别获得其反射率随入射角变化关系,其结果如图7.14所示。然后将7.5%的蔗糖溶液对应的曲线减去纯水对应的曲线,并取绝对值,得到折射率差值曲线。纯水曲线中,反射率最低的角度即为该条件下表面等离子体共振的角度,此时其折射率差值接近峰值,说明这一角度下溶液折射率的变化引起的反射光强度变化接近最大。因此,该角度即65.6°为最佳的入射角,这一结果与理论值非常接近。

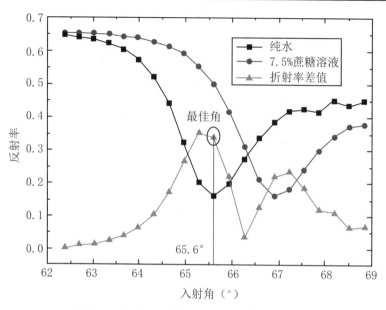

图7.14　入射角-反射率曲线及最佳入射角选择

在确定了最佳入射角后,其系统中棱镜的角度即可固定,因此,可将图7.13中的系统简化集成,集成后的传感分析仪如图7.15所示。在该分析仪中,除激光器之外的所有光学元件都集成到了图中所标示的传感系统中,且没有了机械移动部件,整个系统的体积大幅下降。在标示的溶液进出口位置,可根据需要灵活地更换芯片,以使整个仪器便于应用。

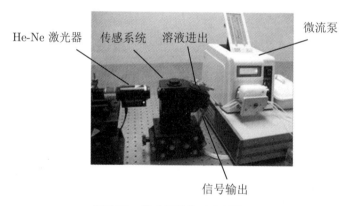

图7.15　集成后的传感分析仪

在完成了以上工作之后,我们选择不同浓度的蔗糖溶液对该仪器的灵敏度进行了表征。由于系统存在随机噪声,其随机噪声如图7.16中小方框内的结果所示,因此,在获取结果时,我们对每一个浓度下进行了平均,数据的采样频率为10 kHz,每一分钟平均一次。最终的实验测试结果如图7.16所示,可以看到随着蔗糖溶液浓度的增加,反射率也在增加;在浓度超过4%之后,其反射率增加的趋势有所变缓,从表7.1可以得到此时的折射率接近1.34;在超过这一数值后,这一趋势与图7.5中的理论结果是一致的。在该结果中,反射率随折射率的变化即为金银双层膜结构的芯片的灵敏度,通过计算可得芯片灵敏度为$S_{RI}=31.0$。这一数值比理论设计结果低,原因可能为金属膜的加工误差。但这一实验数值仍高于单层金膜结构的理论数值,这也表明了金银双层膜结构的传感芯片优于传统的单层金膜结构的。

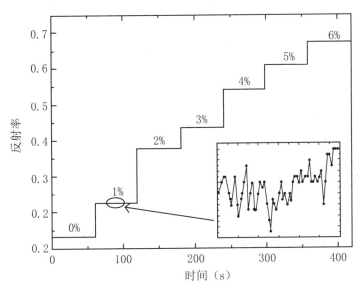

图7.16　不同浓度的蔗糖溶液的测试结果

针对图7.16中的实验结果,下面将对该传感分析仪的灵敏度进行计算,系统灵敏度的计算公式如下:

$$r_{RI} = \frac{\sigma_N}{S_{RI}} \tag{7.11}$$

其中σ_N表示检测的噪声大小,结合前面的采样频率与数据的平均时间,则

$$\sigma_N = \frac{1}{N} \sum_{i=1}^{N} |x_i - \bar{x}| \quad (N = 600000) \tag{7.12}$$

其中x_i表示每一次的测量值,$\bar{x}$为一分钟内的平均值,N表示采样个数。计算表明,$\sigma_N = 2.06 \times 10^{-5}$,因此该传感分析仪的灵敏度为$r_{RI} = 6.64 \times 10^{-7}$ RIU。

至此,我们提出了一种基于金银双层膜结构的表面等离子体传感芯片,分别从理论设计和实验验证上对其进行了研究,并在此基础上构建了高灵敏的传感分析仪。

第8章　表面增强拉曼传感技术

8.1　激光拉曼散射光谱技术发展过程

1921年,印度物理学家拉曼(C.V. Raman)从英国搭船回国,在途中他思考着为什么海洋会是蓝色的问题,从而开始了这方面的研究,并于1928年2月发现了新的散射效应,这就是现在所知的拉曼效应[123-124]。

光谱学是人类认识物质世界最重要的手段之一。激光拉曼光谱技术是通过分子对入射光的非弹性散射对被测物质结构与分子种类进行分析的方法。拉曼散射光谱与人的指纹相似,可用于辨识分子或官能团,而通过拉曼光谱散射强度还可以对物质成分进行定量分析,非常适用于物质成分的快速检测。与其他物质检测分析技术相比,拉曼光谱技术具有无损、快速、无需消耗化学试剂、所需样品量少等诸多优点,在物质检测方面具有巨大的应用潜力。

拉曼光谱是分子振动光谱,通过谱图解析可以获取分子结构的信息,任何气态、液态、固态样品均可进行光谱测定。拉曼光谱能提供快速、简单、可重复,且无损伤的定性定量分析,它无需样品准备,可通过光纤探头或者玻璃和石英直接测量样品。拉曼光谱是有机化合物结构解析的重要手段。对于研究分子成分、分子结构,特别是极性分子非对称振动的定性和定量分析,红外光谱更有优势。但是对于没有红外活性的物质以及水溶液样品,红外光谱测量就不适用。由于水的拉曼散射很微弱,拉曼光谱是研究水溶液中的生物样品和化合物的理想工具,也就是说拉曼光谱可以测量水中分子的分子结构、分子组成情况。

除了采用拉曼光谱的频率位置进行物质成分和分子结构分析外,拉曼光谱技术也可以进行物质含量分析。拉曼分析技术是以拉曼效应为基础建立起来的分子结构表征技术,其信号来源于分子的振动和转动。拉曼光谱分析的方向有:① 定性分析,不同的物质具有不同的特征光谱,因此可以通过光谱进行定性分析;② 结构分析,光谱谱带的分析是进行物质结构分析的基础,因此可以对物质进行结构分析;③ 定量分析,根据物质结构与拉曼光谱散射强度的关系,可通过拉曼光谱强弱对特定物质的含量进行定量分析。

拉曼光谱技术由于具有信息丰富、拉曼位移与入射光频率无关、分析效率高和样品用量少等显著的优势,受到越来越广泛的关注,并且已经被应用到众多领域中。例如,1997年美国军事科学研究所把拉曼光谱仪用于部队饮用水污染监测;我国也把拉曼光谱仪应用于海关毒品走私探测;另外,拉曼光谱仪还可以被用于大气监测、纤维复合材料的研究、文物真伪的鉴别、催化剂的研究、化妆品对皮肤影响的研究等。总之,拉曼光谱仪已经成为化学分析、表面化学、矿物学、半导体材料、考古学等众多领域重要的研究设备。因此,人们一直致力于改善拉曼光谱仪的性能,不断研究开发新型的拉曼光谱仪,以满足不同行业不同领域应用的需求。

20世纪60年代,激光技术的出现给拉曼光谱仪带来了新的生机并促使其迅速发展。与早期使用的汞弧灯相比,激光具有输出功率大、能量集中、单色性和相干性好等优点。此外,在此期间研制成功了高分辨率、低杂散光的双联和三联光栅单色仪以及高灵敏度光电接收系统(光电倍增管和光子计数器),并实现了计算机和拉曼光谱仪联机。进入70年代后,激光技术的新进展进一步促进了拉曼光谱技术的发展和应用。对吸收光谱范围很大的样品,激光器的多谱线输出和可调谐激光器的连续谱线输出,可以使人们很方便地选择合适的激发光进行共振拉曼光谱测量。

同期出现的拉曼微探针新技术可用于矿石及其他样品的微区分析、不均匀表面检测等,实际上这是一种空间分辨拉曼光谱技术。多通道测量和短脉冲激光技术配合,则实现了时间分辨拉曼光谱测试。目前可记录10^{-12} s的时间分辨拉曼光谱。这种拉曼光谱技术可被用于短寿命自由基、化学反应的中间态、物质和系统的瞬间过程等方面的研究。

为了克服荧光的干扰,Chantry和Gebie在1964年首次证明了用傅里叶变换技术获得拉曼光谱的可行性。1983年,Jeningns等人成功地进行了傅里叶变换拉曼实验。

90年代初,由于社会生产活动的需要,人们又探索出多项技术并应用于拉曼光谱仪中,使小型便携式拉曼光谱仪的出现和不断发展成为可能。这些技术包括:引进光纤对远距离或危险处的样品进行测量;用声光调制器(AOM)代替光栅作为分光元件测量拉曼光谱;利用全息带阻滤光片滤除瑞利散射的干扰,研制开发出便携激光器;等等。

21世纪以来,拉曼光谱技术的独特优点吸引了我国一大批科研工作者的目光。我国运用拉曼光谱技术在系统构成、晶体物质检测、多成分分析等应用方面取得了长足发展,经过光学、控制、计算机等领域的积累和突破,目前已在医学、化学、环境等领域取得了大量的研究进展。

8.2　表面增强拉曼传感技术原理

物质的拉曼光谱具有很强的指纹特性,利用该特性对物质成分、内部分子结构的鉴别和含量的定量分析具有独特优势,但是,拉曼散射光强极弱,只相当于入射光强度的百万分之一左右,它极大地制约了拉曼光谱技术的应用和发展。

1974年Fleischman观察到附着于金属纳米结构表面分子的拉曼散射光谱强度可以大幅度提高,该现象被称为表面增强拉曼散射(Surface-Enhanced Raman Scattering, SERS)。初步研究表明,这是一种具有表面选择性的特殊光学增强效应,能将吸附在金属纳米结构表面分子的拉曼信号异常地增强几个数量级。实验及理论研究表明,SERS现象与纳米结构密切相关,具有高增强能力、高稳定性的 SERS 活性基底是利用 SERS 的放大效应实现高灵敏度探测的关键因素之一。作为 SERS 效应的主要载体,金属纳米结构直接决定着 SERS 基底的增强能力,同时金属纳米结构的稳定性和重复能力直接决定着基底的稳定性。目前已有采用金属粗糙表面作为基底应用于爆炸物探测方面的报道,EIC 实验室应用该技术已成功实现基底增强因子大于 10^7,DNT 探测浓度低于 30 ppb①,实验室探测浓度低于 5 ppb。在这类无序、随机的基底表面,其输出是随机、非相干的,如果能将其制作成人工可控结构,就可以利用其群体效应实现高效、最大化输出。

SERS 现象被确认以来,人们通过大量的实验事实,对其机理进行了不懈的探索和研究,并提出了许多不同理论模型来解释这种现象,但所有的理论都无法全面地解释所观察到的实验现象。迄今,比较公认的理论大致可以分为两种,即物理增强机理和化学增强机理,现就这两种增强机理做一简要介绍[125]。

8.2.1 物理增强

物理增强机理(电磁增强机理)主要描述表面局域光电场增强导致分子的拉曼散射截面显著增大的过程。该理论认为,具有一定表面粗糙度的类自由电子金属基底的存在,使得入射激光在表面产生的电磁场增强,由于拉曼散射强度与分子所处光电场强度的平方成正比,因此增加了吸附在表面的分子产生拉曼散射的概率,从而提高了表面拉曼强度。增强效果不仅与构成界面材料的光学性质、表面的形貌和激发光的频率有关,而且与被测分子所处的局域几何结构有关。

电磁增强机理是一种物理模型,较为普遍的物理模型有三种。

(1)表面镜像场模型

表面镜像场模型是较早提出的模型之一。该模型认为基底是一种很容易极化的自由电子气金属。当吸附分子和金属表面之间的距离很小时,吸附在金属基底表面的分子如一个电偶极子,位于吸附分子中心。在吸附分子电偶极子的作用下,金属中感应出镜像偶极子,这一对偶极子相互激励使作用于吸附分子上的电场大大增强,分子的极化率也增加,最终导致吸附分子的表面拉曼信号增强。

这一模型很好地解释了 Ag 具有较高的增强因子的原因,成功地预示了电极表面分子中垂直于电极表面的偶极组分的振动模具有很强的增强作用,而平行于电极表面的偶极组分的振动模不具有增强作用,并预见了不具有永久偶极矩分子所产生的信号较弱的结论。但是,表面镜像场模型简单地将分子看作一个偶极子,而实际的分子通常是多极体,当分子趋近金属表面达到某种临界距离时吸附分子的多极性就更不能被忽视。另外,该模型没有计入粗糙度的影响,也无法解释增强的长程效应。总之,用此模型来解释 SERS 效应具有一定的局限性,有待发展和改进。

---

① 1 ppb $= 10^{-9}$。

（2）电子空穴对模型

Burstein提出电子空穴对对表面拉曼过程具有一定的影响，并从吸附分子同电子空穴对的相互作用出发，给出了四个物理图像，在所有情况下光发射的电子空穴对均可以重新组合，利用这种重新组合解释了SERS中的连续背底现象。

（3）表面等离子体共振模型

表面等离子体共振模型已被广大研究者所接受，也是在理论和实验上被研究得较多的模型。此模型的中心思想是从Maxwell电磁理论出发，考虑金属表面存在的激发电场同吸附分子之间相互作用的影响。金属表面具有一定的粗糙度，入射激光在金属表面激发表面等离子体共振，使表面电场大大增强，从而增大了表面吸附分子的拉曼散射信号。Moskovits首先考虑了粗糙表面上电磁共振参与的SERS的过程，并提出了该模型。

除以上介绍的三种模型，其他物理模型还有天线共振模型、调制反射模型等，这些物理模型从不同的角度解释了拉曼增强的原因，为全面认识SERS现象提供了理论依据。

8.2.2　化学增强

SERS的电磁增强机理已得到了广泛的认可，然而仍旧存在一些现象是电磁增强机理无法解释的。例如，在相同的实验条件下拉曼散射截面几乎相同的CO和N_2增强因子相差200倍；对于吡啶分子只有当覆盖度达到一定的程度时人们才可以观察到SERS现象；与金属表面直接相连的被吸附官能团的增强效应最为强烈；用电化学方法粗糙化的Ag电极表面有覆盖度达到3%的Ti时，吸附分子的SERS信号消失。这些现象用电磁增强机理难以解释，说明除了物理增强效应外，必然还有化学增强效应在起作用。

化学增强机理主要包括以下三种：① 吸附物和金属基底的化学成键导致的非共振增强（Chemical-Bonding Enhancement, CB）；② 激发光对分子-金属体系的光诱导电荷转移的类共振增强（Photon-Induced Charge-Transfer Enhancement, PICT）；③ 吸附分子和表面吸附原子形成表面络合物而导致的共振增强（Surface Complexes Enhancement, SC）。这三种增强机理均为体系极化率的变化对拉曼强度的影响。它们的区别在于，CB增强是因为分子与表面化学吸附形成化学键，引起分子和金属之间部分电荷转移，该体系极化率的分子和分母项都没有明显变化，但是分子的最高占据轨道（HOMO）和最低非占据轨道（LUMO）轨道展宽。PICT增强主要来源于金属电极的费米能级和分子HOMO或LUMO的能量差，若能量差与激发光能量相匹配，将会发生分子到金属或者金属到分子的电荷转移，该体系极化率的改变主要体现在体系的电荷转移态上。SC增强原因是，部分带正电的金属原子组成的原子簇、部分带负电荷的分子和电解质阴离子形成表面络合物，这种络合物组成新的分子体系，具有不同的HOMO和LUMO，在可见光激发下达到共振状态，该体系极化率的分子和分母项均有较大改变，分母项的实部趋于零。

（1）活位模型

"活位"是指表面缺陷位置上,若干金属原子以某种方式结合起来,形成金属原子簇。当分子吸附在这些活位上时,其拉曼散射截面增大,拉曼信号也随之增强,该模型认为这种增强主要来源于原子尺度粗糙表面上的这些特殊位置,即活位。活位模型很好地解释了水的拉曼散射较弱的原因。

（2）电荷转移模型

电荷转移模型是化学增强机理研究方面报道最多的模型,其中心思想是当分子吸附到金属基底表面时,形成分子到金属费米面的激发态,当适当波长的激发光照射到金属表面时,电子可以从金属的费米能级附近共振跃迁到吸附分子上或吸附分子共振跃迁到金属上,从而改变了分子的有效极化率,因此拉曼散射得到增强。

迄今为止,一般认为,电荷转移过程为电荷从金属转移到吸附分子或从吸附分子转移到金属表面。Otto 等提出了四步骤电荷转移过程,现以金属向分子的电荷转移过程为例进行简单介绍。该过程主要包括下面四个步骤:① 处于金属 sp 导带的电子被激发到比费米能级更高的能带上,而费米能级以下产生了空穴,因此在金属一侧形成了电子空穴对;② 吸收了光子能量的电子转移到吸附分子的电子亲和能级,此过程的完成需要吸附分子和金属表面之间存在化学作用并与吸附原子或原子簇等活性中心形成表面络合物;③ 电子经过短时间弛豫后,再次跃迁到金属,此过程中吸附分子的某些振动能级发生变化,吸附分子处于某一振动激发态;④ 返回的电子与金属内部的空穴复合并辐射出一个拉曼光子。

虽然利用电荷转移模型计算的拉曼谱峰强度和实验值比较接近,但是仍然存在电荷转移是四步骤过程还是直接的两步骤过程的问题。两步骤过程是由金属体相态或者表面态直接共振跃迁到分子的非占据轨道,然后再回到金属的过程。这两种机理一直存在争议,无法解决的原因是实验上缺乏合适的技术方法捕获在金属表面寿命极短(1~10 fs)的分子阴离子或阳离子的中间体。

8.3　便携式表面增强拉曼光谱测试系统

在开始拉曼测试实验之前,先介绍一下我们所使用的拉曼光谱系统。我们采用的是 Ocean Optics 公司的便携式拉曼光谱系统,该系统主要由三大部分组成:激光器、光谱仪和拉曼探头。如图8.1所示,中间的是波长为 785 nm 的激光器,前面板上显示有输出功率;激光器上面是 QE65000 光谱仪;拉曼探头包括一根 Y 型光纤,其两端分别与激光器和光谱仪相连;拉曼探头的前端为一套光学系统,以进行激光聚焦、拉曼光收集、滤波等;在拉曼探头下面为芯片载物台,其上放置了用于拉曼测试的芯片;在照片的最左端为计算机,通过 USB 接口与光谱仪相连,打开相应的软件即可直接获得拉曼探头所收集到的拉曼光谱。

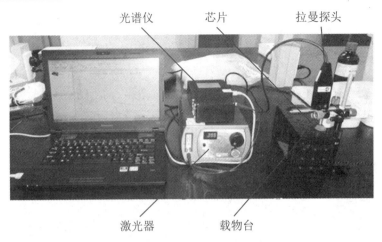

光谱仪　　　芯片　　　拉曼探头

激光器　　　载物台

图8.1　便携式拉曼光谱系统

图8.2给出了拉曼探头与芯片的细节情况。在拉曼测试过程中,为了获得足够强的拉曼信号,激发激光必须要聚焦到被测芯片表面。从这一照片中可以看出,拉曼探头与芯片之间有一定距离,即探头的前端为一透镜,其焦距为 $f=7.5$ mm,数值孔径为0.22,在芯片上的光斑大小为300 μm。拉曼探头与芯片之间的距离为测试过程中芯片的移动、更换等带来了很大的方便。我们在所有的拉曼测试过程中,将激光的输出功率设置为400 mW,光谱仪的积分时间设置为5 s。

探头

聚焦光斑

芯片

图8.2　拉曼探头与芯片

在介绍完拉曼测试系统之后,下面介绍进行拉曼光谱测试的物质。我们选择罗丹明6G (R6G,购自西格玛奥利奇)这一在拉曼测试中常用的荧光试剂来表征我们所制备的芯片的增强特性。固体的R6G为红色粉末,在实验测试之前,我们先将这一荧光试剂以乙醇为溶剂配成溶液,其溶液在不同浓度下的照片如图8.3(彩图4)所示。从照片中可以看出,R6G的浓度越低,其颜色越浅,当其浓度低于 1×10^{-6} mol/L时,已基本看不出其颜色了。

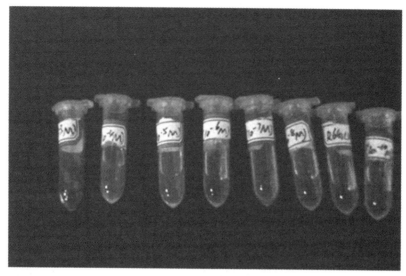

图8.3　不同浓度的R6G溶液

在完成了测试样品准备之后,下面将开始拉曼光谱测试实验。在测试过程中,我们选择一浓度为$1×10^{-1}$ mol/L的R6G样品,将其滴在一片干净的没有任何结构的石英片上,以作为拉曼增强因子的计算参考。由于所制备的芯片有两种,因此我们将分别给出这两种芯片的测试结果。

8.4　基于刻蚀自组装PS球的金属球壳纳米狭缝结构芯片

对于第5章采用自组装方式制作的金属纳米结构,通过与干法刻蚀工艺相结合,得到的金属球壳纳米狭缝结构和对比结构如图8.4所示。这一芯片的拉曼光谱测试结果如图8.5所示,其中除未增强的石英(Quartz)对应浓度为$1×10^{-1}$ mol/L的R6G样品外,其他芯片均对应浓度为$1×10^{-5}$ mol/L的R6G样品。其中Klarite芯片为目前商业化的SERS芯片,标注含"MNGA"的为根据5.1.1节所制备的金属球壳纳米狭缝结构芯片,标注含"CS"的为未进行PS球刻蚀的对比芯片,其中标注含"1"的对应PS球的直径$D=520$ nm的情况,标注含"2"的对应PS球的直径$D=750$ nm的情况。

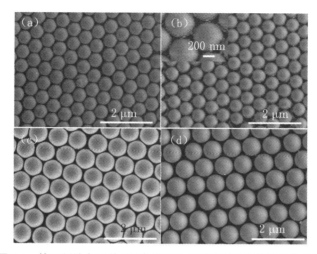

图8.4　基于刻蚀自组装PS球制作的金属球壳纳米狭缝结构芯片

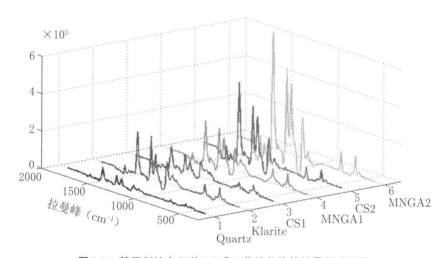

图8.5　基于刻蚀自组装PS球工艺的芯片的拉曼测试结果

从以上结果中可以看到,首先,虽然石英芯片所对应的R6G的浓度比其他几组芯片高4个数量级,但其拉曼光谱的强度却最弱,这说明其他几组芯片均具有拉曼增强效果。其次,通过含"MNGA"的芯片与对应的"CS"芯片对比,可看到前者的拉曼光谱明显强于后者的,这证明了在刻蚀PS球后,最终形成的金属球壳纳米狭缝所获得的局域场增强比没有这一结构的未刻蚀PS球的芯片强。最后,将CS2和MNGA2芯片与商业化的Klarite芯片对比可以发现,这两组芯片的拉曼光谱强度明显强于Klarite芯片的,因此在SERS传感应用中,其将具有更高的灵敏度。

为了更准确地描述各芯片的增强效果,我们对其增强因子(Enhancement Factor, EF)进行了计算,公式如下:

$$EF = \frac{I_{SERS}}{N_{ads}} \bigg/ \frac{I_{bulk}}{N_{bulk}} \tag{8.1}$$

其中I_{SERS},I_{bulk}分别为SERS基底和石英基底所对应的拉曼强度;N_{ads},N_{bulk}分别表示吸附到

SERS基底上的分子个数和石英基底上被激发的总的分子个数。

对于图8.5所示的测试结果,运用公式(8.1)计算后,得到其在不同的拉曼特征频率下的增强因子如表8.1所示。从MNGA1与CS1的对比可以看出,基于金属球壳纳米狭缝结构的芯片的增强因子与其对比芯片的增强因子相比,平均提高了2.21倍,MNGA2与CS2的对比则提高了1.63倍,这也证明了金属纳米狭缝在场增强方面可获得更强的局域场,从而具有更高的拉曼传感灵敏度。另外,由于PS球自组装技术所获得的结构是周期阵列排布的,因此基于这一技术得到的金属纳米狭缝结构也是周期阵列排布的,这为稳定的拉曼增强提供了有效保证。

表8.1　不同芯片的 *EF* 计算结果

拉曼峰(cm^{-1})	614	775	1188	1312	1364	1512	1649
Klarite ($\times10^6$)	1.02	0.83	1.07	1.0	1.28	0.83	0.75
CS1 ($\times10^6$)	0.50	0.39	0.54	0.43	0.5	0.31	0.33
MNGA1 ($\times10^6$)	1.08	0.71	0.93	1.02	1.06	0.8	0.73
CS2 ($\times10^6$)	0.99	0.95	1.25	1.59	1.5	1.29	1.18
MNGA2 ($\times10^6$)	1.71	1.58	2.01	2.59	2.45	2.06	1.96

8.5　基于压印诱导龟裂的V型金属纳米狭缝结构芯片

对于第6章采用紫外压印诱导纳米龟裂方法制备的V型的金属纳米狭缝结构,如图8.6所示,该增强芯片的拉曼测试采用与前面相同的步骤和方法,这里不再赘述,所采用的R6G溶液的浓度仍为1×10^{-5} mol/L,所获得的拉曼光谱测试结果如图8.7所示。其中光谱(A)为未增强的普通石英基底上的测试结果,且已经过10倍放大;光谱(B)为采用压印诱导龟裂工艺制备的V型金属纳米狭缝结构的SERS芯片的测试结果。从这两条光谱曲线的对比可知,所制备的SERS芯片的拉曼增强效果非常明显,且其拉曼光谱所示的特征峰中,除了R6G本身的拉曼共振峰外,没有明显的其他干扰峰存在。表明这一SERS基底几乎没有背景物质的干扰,对于拉曼光谱而言,在传感过程中则避免了特征峰之间的叠加串扰,这对于特征谱的识别非常有利。

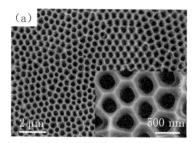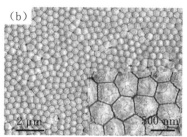

图8.6　基于压印诱导龟裂工艺制备的V型金属纳米狭缝结构

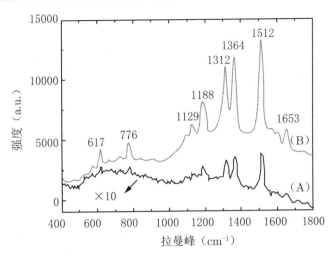

图8.7 基于压印诱导龟裂工艺的芯片的拉曼测试结果

进一步地,为了明确其增强效果到底如何,我们采用公式(8.1)对其测量结果进行了计算,这里不再一一给出,只列出几个典型的拉曼峰所对应的数值。其中强度最强的三个拉曼频率1312 cm^{-1}、1364 cm^{-1}和1512 cm^{-1}所对应的增强因子分别为2.38×10^7、2.05×10^7以及1.9×10^7。这一结果有效地证明了基于压印诱导龟裂所制备的金属纳米狭缝结构芯片是一种高灵敏的SERS芯片,且其结构排布与压印模板相同,因此这一结构是可完整重复的。

8.6 金属纳米球碗结构芯片

采用相同的方法,将5.2节中的纳米球碗阵列结构应用于表面增强拉曼光谱增强中,制作成一种特殊三维纳米结构的拉曼增强芯片。利用5.2节中我们发展的纳米压印技术与黏接技术相结合合制备三维纳米结构的新方法制备出金属纳米球碗阵列。由于球碗与球碗间壁的宽度为60 nm,因此根据纳米结构激发耦合共振的原理,可以实现光场的局域增强效果。将金属纳米球碗阵列作为表面拉曼增强芯片进行光谱测试,测试曲线如图8.8所示。利用R6G作为实验材料去测试金属纳米球碗阵列的拉曼增强效果。首先将R6G溶解于酒精中配制成浓度分别为1×10^{-1} mol/L、1×10^{-4} mol/L和1×10^{-5} mol/L的溶液。在本实验中,利用拉曼光谱仪QE65000进行拉曼光谱测试,激光的波长为785 nm,功率为400 mW,聚焦光斑的尺寸为300 μm,数值孔径为0.22,设定拉曼光谱的记录时间间隔为5 s。然后将浓度为1×10^{-4} mol/L和1×10^{-5} mol/L的R6G溶液滴涂在金属球碗阵列基底上,标记为样品1(S1)和样品2(S2),将浓度最大的1×10^{-1} mol/L的R6G溶液滴涂在无结构的石英基底上作为参考芯片。通过对三种芯片的拉曼测试光谱的对比分析可知,S1和S2的光谱强度有所提高,均大于石英基底的芯片,表明金属球碗阵列结构可以增强拉曼信号。再利用公式(8.1)对样品S1和S2的拉曼增强因子进行计算。在614 cm^{-1}、774 cm^{-1}、1183 cm^{-1}三个频率下,通过计算增强因子分别为2.8567×10^5、3.9242×10^5和3.2750×10^5,与石英基底的芯片相比,获得了3.33倍的提升。实验测试证明了金属纳米球碗阵列结构可以作为表面拉曼光谱增强芯片,还可以通过进一步改进结构尺寸获得更高的拉曼增强因子。

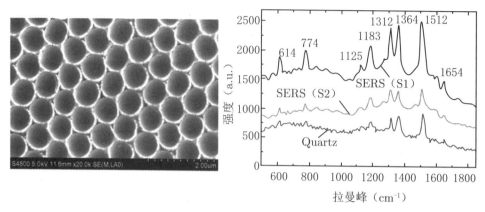

图8.8　金属纳米球碗阵列拉曼增强芯片和拉曼光谱测试曲线

8.7　金属-介质-金属纳米孔阵列结构芯片

对于以自组装与黏接去除工艺相结合的方法制作的金属-介质-金属孔阵列结构芯片,其增强结构的制作结果如图8.9所示。采用上述相同方法,得到其拉曼光谱的测试结果如图8.10所示。图中标注为"HA-MIM"的曲线对应所制备的基于金-二氧化硅-金孔阵列结构的芯片,标注为"Control Sample"的曲线对应相同参数下单层金孔阵列结构的对比芯片。这两种芯片所对应的测试样品R6G的浓度为1×10^{-4} mol/L,其中石英基底为未包含任何增强结构的参考芯片,其对应的R6G浓度为1×10^{-2} mol/L。从这一结果中可以看出,两种带结构的芯片的拉曼光谱强度均比未增强的石英基底的强,说明其结构激发了场局域增强效应。另外,基于金-二氧化硅-金孔阵列结构的芯片与对比芯片相比,其拉曼光谱的强度要强得多,说明这一芯片的局域场强度更大。根据前面的分析可知,这正是由该芯片中两层金结构在z方向的耦合共振引起的。

图8.9　金属-介质-金属孔阵列结构增强芯片

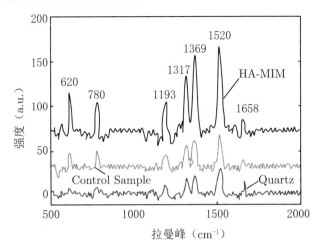

图8.10　金属-介质-金属纳米孔阵列结构芯片的拉曼光谱测试结果

对于以上测试结果,采用公式(8.1),可得到其拉曼增强因子。在1317 cm^{-1}、1369 cm^{-1}和1520 cm^{-1}三个频率下,通过计算得到的增强因子分别为2.8×10^5、2.88×10^5以及2.46×10^5,与单层的金孔阵列结构芯片相比,获得了3.85倍的提升。

第9章 表面等离子体芯片光谱探测技术

9.1 光谱仪芯片化的市场需求

光谱仪作为光谱的测量仪器,已被普遍使用于冶金、地质、石油化工、医药卫生等领域,也是军事侦察、宇宙探究、水文探测等活动中必不可少的仪器,因此,光谱仪的发展一直备受关注。从1859年基尔霍夫制成了世界上第一台构造完好的光谱仪开始,人们已逐渐制造出了滤光型、色散型和干涉型三种类型的光谱仪[126]。

传统光谱仪是大型精密贵重仪器,必须要由专业人员操作。为适应全球发展形势,20世纪后期已有强烈的光谱仪小型化、便携化的需求,并出现了光谱仪小型化的潮流,研发小型化光谱仪成为各国科技产业部门关注的重点[127-128]。进入21世纪后,设备的集成度越来越高,其逐渐向芯片化、一体化发展,因此对光谱仪也提出了更高的小型化要求[129]。光谱仪的小型化并不是简单的尺寸缩减,而是在保持高分辨率的高水平基础上的进一步发展。

得益于电荷耦合器件(Charge Coupled Devices,CCD)的发展,目前商用的光谱仪主要为光栅色散型光谱仪[130],其利用全息光栅的色散特性,将不同波长的光衍射到不同的方向,并经过一段空间距离后进行光谱探测,光谱分辨率与空间作用距离成正比。为保证较高的光谱分辨率,则必须保证较大的空间作用距离,因此该类光谱仪在小型化方面已难以取得大的突破。为此,人们通过尝试各种分光机制,在光谱仪小型化方面进行了大量探索。

微纳光学的发展使得在芯片尺度实现光谱仪器件成为了可能,发展到现在,已报道的芯片光谱仪包括微电子机械系统(Micro-Electro-Mechanical System,MEMS)型光谱仪[131-132]、波导色散型光谱仪[133-134]以及全息光谱仪[135]等。然而,这些光谱仪或分辨率不高,或光谱范围太窄,在使用中仍受到很大限制,因此,光谱仪的芯片化仍需新的探索与突破。

9.2 表面波的亚波长干涉特性

从金属界面电磁模式的性质中可以了解到其表面波既具有传统光学介质中没有的亚波长特性,又具有聚焦、干涉等共性,下面将从这两个方面介绍金属纳米结构中表面波的亚波长干涉特性。

在第1章的1.3节中,我们重点介绍了金属纳米结构的亚波长调制特性,其中提到,其亚波长特性研究开始于金属亚波长孔的异常透射增强。然而,在最初的异常透射相关研究中,针对的几乎是阵列型的亚波长结构,阵列结构中存在强烈的耦合特性,因此,人们对其异常透射的认识比较宏观。在本世纪初,J. Lindberg[136]和 Hugo F. Schouten[137]等人开始研究单个亚波长金属缝隙的光波穿透行为,在理论上对其能量流动的特点进行了深入分析,并建立了相关的理论模型。在此基础上,Haofei Shi 等人将单缝调整为双缝[138],发现当光波从亚波长金属缝的一侧传输到另一侧后,两个缝的透射光在另一侧金属表面存在明显的干涉现象,其近场干涉的研究结果如图9.1所示。这两幅图显示了当两金属缝的距离变化时,其不同的干涉结果。然而,这一干涉只存在于金属的近场表面,无法在远场对其进行应用,因此,在发展初期对这一现象的研究主要停留在性质研究层面。

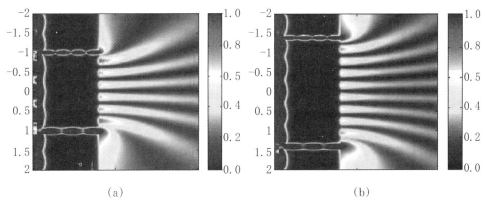

(a)　　　　　　　　　　　　　　　　(b)

图9.1　亚波长金属双缝的近场干涉[138]

亚波长金属双缝中近场干涉现象的发现为这一现象的进一步研究打开了一扇大门,2006年,P. Lalanne 等人在 *Nature Physics* 上发表了一篇文章,将原有的亚波长金属双缝结构更改为一个穿透金属膜的狭缝和一个未穿透金属膜的沟槽,形成亚波长的狭缝-沟槽结构[139-141],其具体的结构形式如图9.2所示。当光直接照射到这一结构上时,由于沟槽具有散射特性,其散射的光场可在金属膜表面激发传播的表面等离子体波;这一表面等离子体波传输到狭缝时,将与狭缝中的光波产生干涉,并基于亚波长金属单缝异常透射的原理一起穿透到金属膜的另一侧,形成干涉的透射光;这一透射光在透过狭缝后将向空间散射,因此可在远场探测到。这使金属纳米结构中的亚波长干涉不再受近场的限制,为这一特性的应用研究奠定了基础。

目前,对这一结构中亚波长干涉特性的应用主要集中在光调制方面。如2007年美国Atwater研究小组报道了如图9.3(a)所示的全光调制器[142],在金属膜的表面铺上一层半导体量子点吸收介质,狭缝-沟槽结构产生干涉,其信号光和控制光采用不同频率,两种光经沟槽散射后均可在有量子点的金属界面产生表面等离子体波,作为控制光的短波长绿光激发量子点的带间跃迁,使其激子激发到高能级。在这一情况下,量子点则可通过带内跃迁而吸收长波长的信号光,从而使信号光在传输过程中被吸收,使最终到达狭缝并透射的能量发生变化。其全光调制的结果如图9.3(b)所示,可见利用这一结构的亚波长干涉特性获得了非常明显的光信号调制结果。

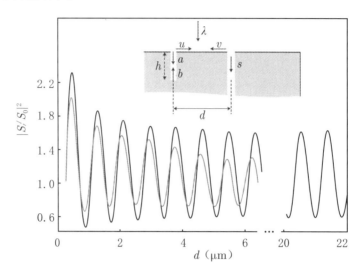

图9.2 金属狭缝–沟槽中的亚波长干涉现象[139]

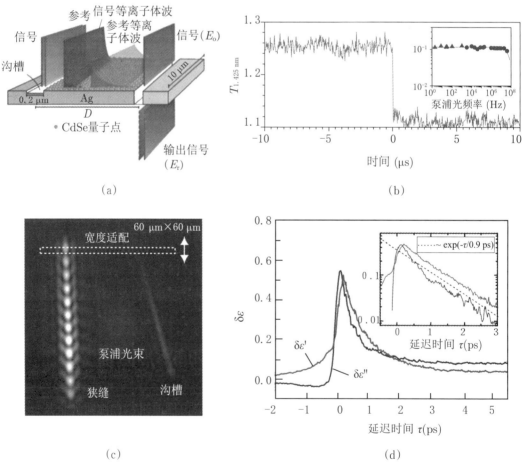

图9.3 狭缝–沟槽干涉的应用[142-143,146]

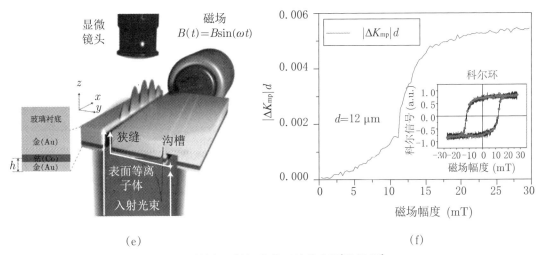

(e)　　　　　　　　　　　　　　　　(f)

图9.3(续)　狭缝－沟槽干涉的应用[142-143,146]

　　2009年Vasily V. Temnov等人报道了基于该结构干涉效应的另一种全光调制形式[143]，其示意图如图9.3(c)所示。其狭缝和沟槽的距离是渐变的，由此可在狭缝的透射谱中产生连续的干涉。用一束短波长的飞秒激光打到狭缝与沟槽之间的金属界面上，在这一激光照射上去的一瞬间，金属内部的自由电子将产生扰动，由此产生其介电常数的瞬间改变，然后再恢复到正常水平。其改变的结果如图9.3(d)所示，可见其改变的时间在1 ps以下。对于在金属界面上传播的表面等离子体波而言，介电常数的改变意味着其光传输情况的变化，由此即可产生对光的调制作用。2010年该小组在 *Nature Photonics* 上报道了另一种光调制方式[144-148]——磁等离子体调制，所采用的基本结构仍是金属狭缝-沟槽，如图9.3(e)所示，但在其中引入了铁磁材料。其控制信号为磁场，通过磁场改变其内部的磁极化，由此产生对表面等离子体波的调制，调制结果如图9.3(f)所示，从而达到调制狭缝-沟槽亚波长干涉的目的。这些应用研究为这一结构中存在的表面等离子体波亚波长干涉特性向纳米光子功能器件方向发展提供了很好的借鉴，但目前的应用研究仍十分有限，需要进行更深入的探索。

9.3　表面等离子体光谱仪的分光原理

　　金属狭缝-沟槽结构中亚波长干涉的性质与应用的研究成果，为光谱仪实现芯片化提供了很好的思路。在光谱仪的三大类别中，傅里叶变换光谱仪即是基于光干涉的原理，而金属狭缝-沟槽结构正是一种干涉性较好的金属纳米结构，受此启发，我们提出了基于这一结构形式的表面等离子体光谱仪分光器件。该器件的结构示意图如图9.4所示，在基底材料的表面为一层金属膜，金属膜中有一个宽度在亚波长尺度的穿透金属膜的狭缝，同时存在一系列未穿透金属膜的亚波长沟槽，沟槽与狭缝组合形成狭缝-沟槽干涉结构。当入射光照射到金属沟槽上时，沟槽将对入射光产生散射作用，其散射的光有一部分将转化成表面等离子体波，并沿着金属界面传播，如图9.4中的箭头所示；当传播到狭缝，再耦合到狭缝的另一侧时，将与狭缝处直接透射的光产生干涉。在该结构中,由于沟槽与狭缝之间的距离是渐变的,因此不同位置处沟槽转换成的表面等离子体波的传输距离是不一样的。这导致其与狭缝的直接透射光干涉时的相位差不同,由此在金属狭缝另一侧的不同位置处,其干涉后的光强存在差别。将整个狭缝的透射光记录下来,即获得干涉图;再对干涉图进行傅里叶变换,即可获得入射光的光谱。由于产生干涉图的结构在整体上是一层纳米量级厚度的金属薄膜,没有其他光路,因此可将其贴于光电阵列探测器的表面,即可将光电阵列探测器变成光谱仪。这将大大简化光谱仪的体积和复杂性,从而使光谱仪实现集成化、芯片化。

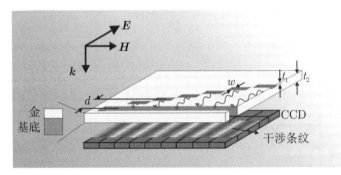

图9.4　表面等离子体光谱仪分光结构图

在介绍了该光谱仪的工作原理后,下面我们将分析其内部结构的光调制理论,以及基于表面等离子体干涉结果的傅里叶变换理论。对于前面提到的狭缝-沟槽的亚波长干涉行为,可用图9.5来表示,可先将狭缝和沟槽对光的调制作用分别考虑,然后再组合到一起。

对于单个亚波长金属狭缝,可假设其透射光存在一个透射调制系数α_1,若入射光强度为I_0,则其直接透射光强度为

$$I_{\mathrm{dir}} = \alpha_1 I_0 \tag{9.1}$$

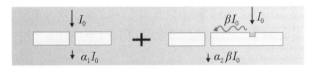

图9.5　金属狭缝-沟槽干涉原理图

对于金属沟槽,其存在三个过程:沟槽先对入射光进行散射并转换成表面等离子体波,设这一过程的调制系数为β;然后表面等离子体波从沟槽位置传输到狭缝处;再经狭缝耦合到金属膜的另一侧。设耦合过程的调制系数为α_2,则这一部分光的强度为

$$I_{\mathrm{sp}} = \alpha_2 \beta I_0 \tag{9.2}$$

由此可写出两部分光干涉的强度如下:

$$
\begin{aligned}
T(\lambda) &= I_{\mathrm{dir}} + I_{\mathrm{sp}} + 2\sqrt{I_{\mathrm{dir}} I_{\mathrm{sp}}} \cos(\Delta\varphi) \\
&= \alpha_1 I_0(\lambda) + \alpha_2 \beta I_0(\lambda) + 2\sqrt{\alpha_1 \alpha_2 \beta} I_0(\lambda) \cos(k_{\mathrm{sp}} D)
\end{aligned}
\tag{9.3}
$$

其中k_{sp}表示表面等离子体波的波矢,该波矢等于第2章中的公式(2.33)中的传播常数β;D表示沟槽与狭缝间的有效距离;λ为入射光的波长。

在公式(9.3)中,对于前两项,由于直接透射光的能量要远大于沟槽经三个过程后的能

量,因此可近似为

$$T_{DC} = \int [\alpha_1 I_0(\lambda) + \alpha_2 \beta I_0(\lambda)] d\lambda \approx \int \alpha_1 I_0(\lambda) d\lambda$$

因此,其剩下的部分为

$$T_{AC} = \int T(\lambda) d\lambda - T_{DC}$$

$$= 2\sqrt{\alpha_1 \alpha_2 \beta} \int I_0(\lambda) \cos(k_{sp} D) d\lambda \tag{9.4}$$

对于这一理论公式,我们将FDTD仿真结果与其计算结果进行了对比,在仿真过程中,采用的金属为金,入射光波长为 $\lambda = 785\,nm$,金属的厚度为 $t_2 = 200\,nm$,沟槽的深度为 $t_1 = 50\,nm$,沟槽和狭缝的宽度均为 $w = 350\,nm$。在理论计算过程中,由于金属膜的厚度超过了其两侧可相互耦合的厚度,因此只需考虑其与空气界面的情况,即其等效于半无限大平面的情况。在这样的条件下,获得的仿真结果与理论计算结果如图9.6所示,其中实线表示理论计算的结果,虚线表示FDTD仿真的结果。从这一结果中可以看出,两条曲线基本重合,沟槽和狭缝的间距较小时,由于沟槽与狭缝之间有耦合效应,因此FDTD仿真的透射强度的交流分量比理论公式所计算的结果高。但其耦合距离是比较有限的,因此我们忽略这一耦合影响,即认为以上理论公式可正确表示不同间距下沟槽与狭缝之间的干涉光强度。

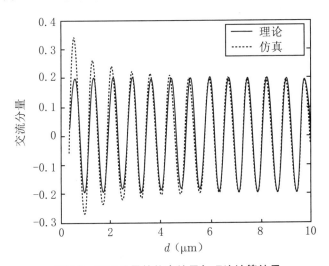

图9.6　交流分量的仿真结果与理论计算结果

对于公式(9.4),将其前面部分的三个系数近似为常数,则这一公式满足标准的余弦傅里叶变换,因此,可写出其逆变换的形式为

$$I_0(\lambda) = \frac{1}{2\sqrt{\alpha_1 \alpha_2 \beta}} \int T_{AC} \cos(k_{sp} D) dD \tag{9.5}$$

这即为入射光的光谱,由此我们知道了基于金属亚波长狭缝-沟槽结构干涉特性的表面等离子体光谱仪的分光原理。

9.4　光谱仪分光器件的理论设计

在明确了所提出的表面等离子体光谱仪的分光理论后,下面我们将进行其结构参数的设计。对于图9.4所示的结构,其核心的参数包括金属膜的厚度、狭缝和沟槽的宽度以及沟槽的深度。对于金属膜的厚度,需确保电磁波不能直接从其界面的一侧耦合到另一侧;对于金属膜而言,其两侧表面模式耦合的最佳厚度在50 nm左右,因此在减掉沟槽深度后,仍需远大于这一数值。对于其他参数,由于在进行傅里叶变换时有效的是干涉图的交流分量,因此其优化目标是尽可能地使形成的干涉光光强的峰值达到最大。从公式(9.4)可以看出,决定干涉光强交流分量的是三个调制系数的乘积,下面我们首先分析狭缝-沟槽的结构参数对这三个调制系数的影响。

对于调制系数 β 而言,其取决于沟槽对入射光的散射,与狭缝无关,因此我们先讨论这一参数与沟槽的关系。在入射光波长 $\lambda = 785$ nm,金属的厚度 $t_2 = 200$ nm,沟槽和狭缝的宽度均为 $w = 350$ nm 的情况下,我们通过改变沟槽的深度,以FDTD仿真为手段获得了如图9.7所示的结果。从该结果中可以看到 β 随沟槽深度呈周期性变化,且其周期与波长的一半比较接近,比其一半略小。这是由于在金属沟槽中存在如第2章2.3.2小节中的电磁模式,其模式的波长比自由空间中的波长小,由于金属沟槽一端封闭,因此在里面产生了驻波效应。当其开口处刚好处于驻波的波腹位置时,沟槽的散射能力是最强的;当其处于波节位置时,则几乎没有散射光,在这种情况下,沟槽的深度相当于驻波的腔长。因此其变化规律呈现出如图9.7所示的周期性。为了使调制系数达到最大,沟槽深度应选择驻波波腹位置的情况。另外,由于沟槽越深,要求金属膜越厚,且从结构制作的角度来说其加工难度越大,因此,沟槽的最佳厚度为第一个波腹位置所对应的值,即为60~70 nm。

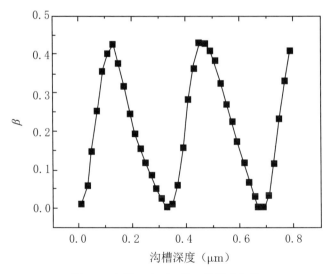

图9.7　沟槽深度对系数 β 的影响规律

对于狭缝而言,其包含两个过程,入射光的直接透射和表面等离子体波的耦合,因此其参数将决定这两个过程的耦合系数 α_1、α_2。在确定金属厚度 $t_2 = 200\,nm$ 的情况下,剩下的参数主要为其宽度,下面我们将研究这一参数分别对两个系数的影响。对于 α_1,其表示对入射光直接透射的调制,因此可研究单缝的情况,通过仿真获得的结果如图9.8中曲线1所示。可以看到当金属狭缝的宽度增加时,其透射调制系数 α_1 基本呈线性上升,即宽度越宽,单个金属狭缝所透过的能量越多。在获得了这一规律后,我们再研究其对表面等离子体波耦合系数的影响,通过仿真,获得的结果如图9.8中曲线2所示。这一结果表明耦合系数 α_2 随狭缝宽度的增大总体呈指数衰减,但局部呈周期振荡关系。这一现象与表面等离子体波的耦合过程有关,沿金属水平界面传播的表面模式要通过狭缝耦合到另一侧,则需狭缝的两个侧壁之间的相互耦合。狭缝的宽度较窄时,其两个侧壁的耦合效应比较强,因此表面等离子体波耦合到另一侧的效率较高;随着狭缝宽度变宽,这一耦合作用逐渐减弱,因此其耦合效率也变低。另外,狭缝两侧壁的耦合存在增强耦合与相消耦合两种情况,当两个侧壁的光波模式的相位同向时,会发生增强耦合,相反则发生相消耦合,因此狭缝宽度的变化导致了其局部周期变化的关系。对于 α_2 而言,其狭缝宽度的最优值为350 nm左右;而对于 α_1 而言,则希望狭缝宽度的值越大越好。但由于 α_2 的衰减是指数的,而 α_1 的增长是线性的,因此最佳的参数应优先使 α_2 最大化,即狭缝宽度的优化结果为350 nm。

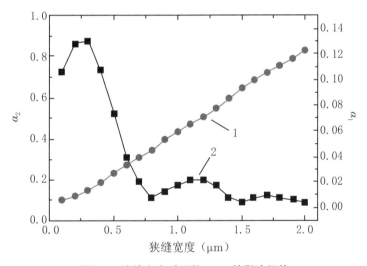

图9.8　狭缝宽度对系数 α_1, α_2 的影响规律

针对以上优化结果,通过直接计算狭缝宽度对交流分量的影响,我们对其进行了进一步验证。在其他参数保持不变的情况下,其计算结果如图9.9(彩图5)所示。从这一结果可以看出,当狭缝宽度为300 nm和400 nm时,其交流量的幅值最大,这说明我们前面的优化结果是正确的。

进一步地,我们研究了狭缝宽度在不同波长下对交流分量的影响。相应的结果如图9.10所示,其中灰度表示交流分量的幅值。从中可以看出,在650~1000 nm的波段范围内,其交流分量幅值的最大值基本上均处于300~400 nm的区间范围内,这一结果一方面说明了前面对于狭缝宽度的最优化结果适用于宽波段的情况,另一方面也反映了 α_1、α_2 的色散特性不强,说明我们前面在推导公式(9.5)时的近似是可行的。

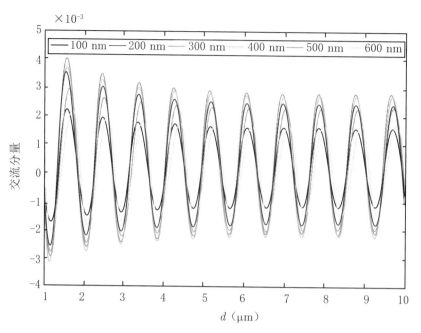

图9.9　狭缝宽度对交流分量的影响

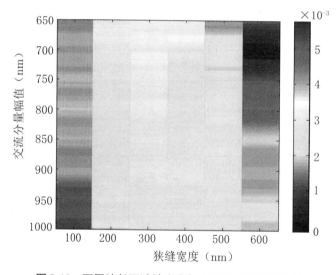

图9.10　不同波长下狭缝宽度与交流分量幅值的关系

9.5　分光器件的功能验证

在完成了表面等离子体光谱仪分光器件参数设计之后,下面我们将对这一器件的光谱测试功能进行验证,我们采用FDTD仿真与理论计算结合的方法来完成这一内容。

在优化的结构参数下,首先考虑一波长为750 nm的光入射到分光器件上的情况。其获得的干涉图如图9.11所示,其中沟槽与狭缝的距离从0逐渐增大到100 μm。可以看到,当两者间距较小的时候,其干涉图的幅度衰减在这一波长下并不明显;但当其间距接近100 μm时,其幅值已发生了明显的衰减,这是由表面等离子体波本身的衰减引起的。

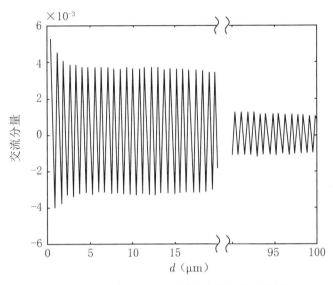

图9.11　波长为750 nm的光入射下的干涉图

针对图9.11中的干涉图,在忽略其衰减的情况下,我们采用公式(9.5)对其进行了相应的傅里叶变换,得到如图9.12所示的光谱结果。从这一结果中可以看出,傅里叶变换的光谱的峰值位置正好为750 nm,与入射光的波长完全吻合,这证明了本章中提出的表面等离子体光谱仪分光器件与相应理论的正确性。

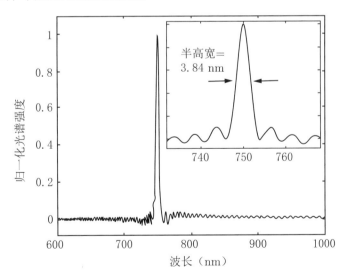

图9.12　傅里叶变换光谱计算结果

对于傅里叶变换光谱仪,其光谱分辨率的理论值可用如下公式计算:

$$\Delta\lambda = \frac{\lambda^2}{2OPD_{\max}} \tag{9.6}$$

其中 $OPD_{max} = k_{sp}d_{max}/k_0$,表示最大光程差。针对图 9.11 的干涉情况,通过这一公式计算获得的光谱分辨率为 $\Delta\lambda = 2.75\,\mathrm{nm}$。从图 9.12 内插图中可以看到实际获得的光谱的半高宽为 $3.84\,\mathrm{nm}$,比理论值略大,这可能是因为忽略了表面等离子体波在传输过程中的损耗。

为了进一步验证表面等离子体光谱仪分光器件的光谱恢复性能,我们接下来研究了几种不同形状光谱的情况,其结果如图 9.13 所示。其中图 9.13(a)表示一高斯型光谱的入射光照射到表面等离子体光谱仪分光器件后产生的干涉图,这一干涉图的幅度呈指数衰减,与常规的高斯型光谱干涉结果一致。其经本章提出的方法进行傅里叶变换后得到如图 9.13(b)所示的结果,其中实线为原始的入射光谱,虚线为计算结果,可以看到其光谱形状吻合很好,只有基线略有偏差。对于其他的情况,如图 9.13(c)和图 9.13(d)所示,可看到对于不同宽度和高度的高斯光谱的复合光谱,其计算的结果仍与入射光谱吻合很好,这充分证明了我们提出的表面等离子体光谱仪分光器件及相应理论的可靠性。

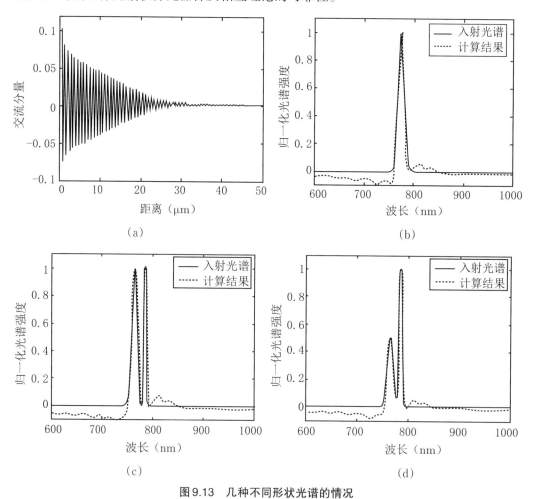

图 9.13　几种不同形状光谱的情况

(a) 高斯型光谱的干涉图;(b) 高斯型光谱的计算结果与入射光谱的对比;(c)、(d) 复杂形状光谱的计算结果与入射光谱的对比

参 考 文 献

[1] Hunsperger R G. Integrated optics: theory and technology[M]. Berlin: Springer, 1984.

[2] Tien P K. Light waves in thin films and integrated optics[J]. Applied Optics, 1971, 10(11): 2395-2413.

[3] Miller S E. Integrated optics: an introduction[J]. Bell System Technical Journal, 1969, 48(7): 2059-2069.

[4] Vlasov Y, Green W M, Xia F. High-throughput silicon nanophotonic wavelength-insensitive switch for on-chip optical networks[J]. Nature Photonics, 2008, 2(4): 242-246.

[5] Bozhevolnyi S I. Plasmonic nano-guides and circuits[C]// Proceedings of the Plasmonics and Metamaterials. Optical Society of America, 2008: MWD3.

[6] Arsenault A, Fournier-Bidoz S, Hatton B, et al. Towards the synthetic all-optical computer: science fiction or reality?[J]. Journal of Materials Chemistry, 2004, 14(5): 781-794.

[7] Manning R, Davies D. Three-wavelength device for all-optical signal processing[J]. Optics Letters, 1994, 19(12): 889-891.

[8] Shalaev V M, Kawata S. Nanophotonics with surface plasmons[M]. Amsterdam: Elsevier, 2006.

[9] Liebermann T, Knoll W. Surface-plasmon field-enhanced fluorescence spectroscopy[J]. Colloids and Surfaces A: Physicochemical and Engineering Aspects, 2000, 171(1): 115-130.

[10] Monzon-Hernandez D, Villatoro J. High-resolution refractive index sensing by means of a multiple-peak surface plasmon resonance optical fiber sensor[J]. Sensors and Actuators B: Chemical, 2006, 115(1): 227-231.

[11] Zhang X, Liu Z. Superlenses to overcome the diffraction limit[J]. Nature Materials, 2008, 7(6): 435-441.

[12] Schaadt D, Feng B, Yu E. Enhanced semiconductor optical absorption via surface plasmon excitation in metal nanoparticles[J]. Applied Physics Letters, 2005, 86(6): 063106.

[13] O'Shannessy D J, Brigham-Burke M, Peck K. Immobilization chemistries suitable for use in the BIA core surface plasmon resonance detector[J]. Analytical Biochemistry, 1992, 205(1): 132-136.

[14] Yin L, Vlasko-Vlasov V K, Pearson J, et al. Subwavelength focusing and guiding of surface plasmons[J]. Nano Letters, 2005, 5(7): 1399-1402.

[15] Luo X, Ishihara T. Subwavelength photolithography based on surface-plasmon polariton resonance[J]. Optics Express, 2004, 12(14): 3055-3065.

[16] Gramotnev D K, Pile D F. Single-mode subwavelength waveguide with channel plasmon-polaritons in triangular grooves on a metal surface[J]. Applied Physics Letters, 2004, 85(26): 6323-6325.

[17] Pillai S, Catchpole K, Trupke T, et al. Surface plasmon enhanced silicon solar cells[J]. Journal of Applied Physics, 2007, 101(9): 093105.

[18]   Ishi T, Fujikata J, Makita K, et al. Si nano-photodiode with a surface plasmon antenna[J]. Japanese Journal of Applied Physics, 2005, 44(3L): L364.

[19]   Shalaev V M. Optical negative-index metamaterials[J]. Nature Photonics, 2007, 1(1): 41-48.

[20]   Zhang S, Fan W, Panoiu N, et al. Experimental demonstration of near-infrared negative-index metamaterials[J]. Physical Review Letters, 2005, 95(13): 137404.

[21]   Shalaev V M, Cai W, Chettiar U K, et al. Negative index of refraction in optical metamaterials[J]. Optics Letters, 2005, 30(24): 3356-3358.

[22]   Kwon D H, Werner D H. Low-index metamaterial designs in the visible spectrum[J]. Optics Express, 2007, 15(15): 9267-9272.

[23]   Alu A, Engheta N, ErentoK A, et al. Single-negative, double-negative, and low-index metamaterials and their electromagnetic applications[J]. IEEE Transactions on Antennas and Propagation Magazine, 2007, 49(1): 23-36.

[24]   Wood R W. On a remarkable case of uneven distribution of light in a diffraction grating spectrum[C]// Proceedings of the Physical Society of London. Iop Science, 1902, 4(21): 396-402.

[25]   Fano U. The theory of anomalous diffraction gratings and of quasi-stationary waves on metallic surfaces (Sommerfeld's waves)[J]. Journal of the Optical Society of America, 1941, 31(3): 213-222.

[26]   Simon H, Mitchell D, Watson J. Optical second-harmonic generation with surface plasmons in silver films[J]. Physical Review Letters, 1974, 33(26): 1531-1534.

[27]   Creighton J A, Blatchford C G, Albrecht M G. Plasma resonance enhancement of Raman scattering by pyridine adsorbed on silver or gold sol particles of size comparable to the excitation wavelength [J]. Journal of the Chemical Society, Faraday Transactions 2: Molecular and Chemical Physics, 1979, 75: 790-798.

[28]   Heritage J, Bergman J, Pinczuk A, et al. Surface picosecond Raman gain spectroscopy of a cyanide monolayer on silver[J]. Chemical Physics Letters, 1979, 67(2): 229-232.

[29]   Tsang J, Kirtley J. Anomalous surface enhanced molecular Raman scattering from inelastic tunneling spectroscopy junctions[J]. Solid State Communications, 1979, 30(10): 617-620.

[30]   Tsang J, Kirtley J, Bradley J. Surface-enhanced Raman spectroscopy and surface plasmons[J]. Physical Review Letters, 1979, 43: 772-775.

[31]   Weber W H, Ford G. Optical electric-field enhancement at a metal surface arising from surface-plasmon excitation[J]. Optics Letters, 1981, 6(3): 122-124.

[32]   Dionne J, Sweatlock L, Atwater H, et al. Planar metal plasmon waveguides: frequency-dependent dispersion, propagation, localization, and loss beyond the free electron model[J]. Physical Review B, 2005, 72(7): 075405.

[33]   Lesuffleur A, Im H, Lindquist N C, et al. Laser-illuminated nanohole arrays for multiplex plasmonic microarray sensing[J]. Optics Express, 2008, 16(1): 219-224.

[34]   Yang Z L, Li Q H, Ren B, et al. Tunable SERS from aluminium nanohole arrays in the ultraviolet region[J]. Chemical Communications, 2011, 47(13): 3909-3911.

[35]   Fang J, Liu S, Li Z. Polyhedral silver mesocages for single particle surface-enhanced Raman scattering-based biosensor[J]. Biomaterials, 2011, 32(21): 4877-4884.

[36]   GramotneV D K, Bozhevolnyi S I. Plasmonics beyond the diffraction limit[J]. Nature Photonics, 2010, 4(2): 83-91.

[37] Chen X, Jia B, Saha J K, et al. Broadband enhancement in thin-film amorphous silicon solar cells enabled by nucleated silver nanoparticles[J]. Nano Letters, 2012, 12(5): 2187-2192.

[38] Zhang Y, Aslan K, Previte M J, et al. Metal-enhanced fluorescence: Surface plasmons can radiate a fluorophore's structured emission[J]. Applied Physics Letters, 2007, 90(5): 053107.

[39] Liu Z, Ding S Y, Chen Z B, et al. Revealing the molecular structure of single-molecule junctions in different conductance states by fishing-mode tip-enhanced Raman spectroscopy[J]. Nature Communications, 2011, 2: 305.

[40] Kim S, Jin J, Kim Y J, et al. High-harmonic generation by resonant plasmon field enhancement[J]. Nature, 2008, 453(7196): 757-760.

[41] Fan G J, Du S, Lebedkin S, et al. Gold mesostructures with tailored surface topography and their self-assembly arrays for surface-enhanced Raman spectroscopy[J]. Nano Letters, 2010, 10(12): 5006-5013.

[42] Camden J P, Dieringer J A, Wang Y, et al. Probing the structure of single-molecule surface-enhanced Raman scattering hot spots[J]. Journal of the American Chemical Society, 2008, 130(38): 12616-12617.

[43] Karagodsky V, Tran T, Wu M, et al. Double-resonant enhancement of surface enhanced Raman scattering using high contrast grating resonators[C]// CLEO: 2011-Laser Science to Photonic Applications. IEEE, 2011: 1-2.

[44] Alexander K D, Hampton M J, Zhang S, et al. A high-throughput method for controlled hot-spot fabrication in SERS-active gold nanoparticle dimer arrays[J]. Journal of Raman Spectroscopy, 2009, 40(12): 2171-2175.

[45] Kretschmann E, Raether H. Radiative decay of non radiative surface plasmons excited by light(Surface plasma waves excitation by light and decay into photons applied to nonradiative modes)[J]. Zeitschrift Naturforschung Teil A, 1968, 23(12): 2135-2136.

[46] Otto A. Excitation of nonradiative surface plasma waves in silver by the method of frustrated total reflection[J]. Zeitschrift Für Physik, 1968, 216(4): 398-410.

[47] Polky J N, Mitchell G L. Metal-clad planar dielectric waveguide for integrated optics[J]. Journal of the Optical Society of America, 1974, 64(3): 274-279.

[48] Gordon II J, Swalen J. The effect of thin organic films on the surface plasma resonance on gold[J]. Optics Communications, 1977, 22(3): 374-376.

[49] Pockrand I, Swalen J, Gordon II J, et al. Surface plasmon spectroscopy of organic monolayer assemblies[J]. Surface Science, 1978, 74(1): 237-244.

[50] Chao N M, Chu K, Shen Y. Local refractive index measurement on a cholesteric liquid crystal using the surface plasmon technique[J]. Molecular Crystals and Liquid Crystals, 1981, 67(1): 261-275.

[51] Chu K, Chen C, Shen Y. Measurement of refractive indices and study of isotropic-nematic phase transition by the surface plasmon technique[J]. Molecular Crystals and Liquid Crystals, 1980, 59(1-2): 97-108.

[52] 刘崇进，沈家瑞，李凤仙. 椭偏仪测量粗糙面薄膜的厚度和折射率的研究[J]. 光学技术，1995(3): 18-21.

[53] Homola J, Yee S S, Gauglitz G. Surface plasmon resonance sensors: review[J]. Sensors and Actuators B: Chemical, 1999, 54(1): 3-15.

［54］ Matsubara K, Kawata S, Minami S. Multilayer system for a high-precision surface plasmon resonance sensor［J］. Optics Letters, 1990, 15(1)：75-77.

［55］ Schildkraut J S. Long-range surface plasmon electrooptic modulator［J］. Applied Optics, 1988, 27(21)：4587-4590.

［56］ Nylander C, Liedberg B, Lind T. Gas detection by means of surface plasmon resonance［J］. Sensors and Actuators, 1983, 3：79-88.

［57］ Liedberg B, NylandeR C, Lunstrom I. Surface plasmon resonance for gas detection and biosensing ［J］. Sensors and Actuators, 1983, 4：299-304.

［58］ Ebbesen T W, Lezec H, Ghaemi H, et al. Extraordinary optical transmission through sub-wavelength hole arrays［J］. Nature, 1998, 391(6668)：667-669.

［59］ Martin-Moreno L, Garcia-Vidal F, Lezec H, et al. Theory of extraordinary optical transmission through subwavelength hole arrays［J］. Physical Review Letters, 2001, 86(6)：1114.

［60］ Bethe H. Theory of diffraction by small holes［J］. Physical Review, 1944, 66(7-8)：163.

［61］ Liu L, Han Z, He S. Novel surface plasmon waveguide for high integration［J］. Optics Express, 2005, 13(17)：6645-6650.

［62］ Choi H, Pile D F, Nam S, et al. Compressing surface plasmons for nano-scale optical focusing［J］. Optics Express, 2009, 17(9)：7519-7524.

［63］ Fang N, Lee H, Sun C, et al. Sub-diffraction-limited optical imaging with a silver superlens［J］. Science, 2005, 308(5721)：534-537.

［64］ Oulton R F, Sorger V J, Zentgraf T, et al. Plasmon lasers at deep subwavelength scale［J］. Nature, 2009, 461(7264)：629-632.

［65］ Xu T, Wu Y K, Luo X, et al. Plasmonic nanoresonators for high-resolution colour filtering and spectral imaging［J］. Nature Communications, 2010, 1：59.

［66］ Stuart H R, Hall D G. Absorption enhancement in silicon-on-insulator waveguides using metal island films［J］. Applied Physics Letters, 1996, 69(16)：2327-2329.

［67］ Link S, Wang Z L, El-Sayed M. Alloy formation of gold-silver nanoparticles and the dependence of the plasmon absorption on their composition［J］. The Journal of Physical Chemistry B, 1999, 103(18)：3529-3533.

［68］ Echtermeyer T, Britnell L, Jasnos P, et al. Strong plasmonic enhancement of photovoltage in graphene［J］. Nature Communications, 2011, 2：458.

［69］ Kim S S, Na S I, Jo J, et al. Plasmon enhanced performance of organic solar cells using electrodeposited Ag nanoparticles［J］. Applied Physics Letters, 2008, 93(7)：073307.

［70］ Landy N, Sajuyigbe S, Mock J, et al. Perfect metamaterial absorber［J］. Physical Review Letters, 2008, 100(20)：207402.

［71］ Hu C, Zhao Z, Chen X, et al. Realizing near-perfect absorption at visible frequencies［J］. Optics Express, 2009, 17(13)：11039-11044.

［72］ Hu C, Liu L, Zhao Z, et al. Mixed plasmons coupling for expanding the bandwidth of near-perfect absorption at visible frequencies［J］. Optics Express, 2009, 17(19)：16745-16749.

［73］ Aydin K, Ferry V E, Briggs R M, et al. Broadband polarization-independent resonant light absorption using ultrathin plasmonic super absorbers［J］. Nature Communications, 2011, 2：517.

［74］ Palik E D. Handbook of optical constants of solids［M］. Salt Lake City：Academic Press, 1998.

[75] Johnson P B, Christy R W. Optical constants of the noble metals[J]. Physical Review B, 1972, 6 (12): 4370.

[76] Gao H, Shi H, Wang C, et al. Surface plasmon polariton propagation and combination in Y-shaped metallic channels[J]. Optics Express, 2005, 13(26): 10795-10800.

[77] Choo H, Kim M K, Staffaroni M, et al. Nanofocusing in a metal-insulator-metal gap plasmon waveguide with a three-dimensional linear taper[J]. Nature Photonics, 2012, 6(12): 838-844.

[78] Wang H H, Liu C Y, Wu S B, et al. Highly Raman-Enhancing Substrates Based on Silver Nanoparticle Arrays with Tunable Sub-10 nm Gaps[J]. Advanced Materials, 2006, 18(4): 491-495.

[79] Lim D K, Jeon K S, Hwang J H, et al. Highly uniform and reproducible surface-enhanced Raman scattering from DNA-tailorable nanoparticles with 1-nm interior gap[J]. Nature Nanotechnology, 2011, 6(7): 452-460.

[80] Gopinath A, Boriskina S V, Premasiri W R, et al. Plasmonic nanogalaxies: multiscale aperiodic arrays for surface-enhanced Raman sensing[J]. Nano Letters, 2009, 9(11): 3922-3929.

[81] Chul KIM H, Cheng X. Gap surface plasmon polaritons enhanced by a plasmonic lens[J]. Optics Letters, 2011, 36(16): 3082-3084.

[82] Pathak H T, Sareen L, Khurana K, et al. Resist materials for photolithography[J]. IETE Technical Review, 2015, 3(3): 73-80.

[83] 郭银明,张教强,杨永峰,等. 巯基/烯紫外光聚合反应体系的研究及其应用[J]. 中国胶粘剂,2008,17 (6): 53-56.

[84] Dickey M D, Burns R L, Kim E K, et al. Study of the kinetics of step and flash imprint lithography photopolymerization[J]. Aiche Journal, 2005, 51(9): 2547-2555.

[85] Long B K, Keitz B K, Willson C G. Materials for step and flash imprint lithography (S-FIL)[J]. Journal of Materials Chemistry, 2007, 17(34): 3575-3580.

[86] Dickey M D, Willson C G. Kinetic parameters for step and flash imprint lithography photopolymerization [J]. Aiche Journal, 2006, 52(2): 777-784.

[87] Kim E K, Stacey N A, Smith B J, et al. Vinyl ethers in ultraviolet curable formulations for step and flash imprint lithography[J]. Journal of Vacuum Science & Technology B Microelectronics & Nanometer Structures, 2004, 22(1): 131-135.

[88] Ok J G, Hong S Y, Kwak M K, et al. Continuous and scalable fabrication of flexible metamaterial films via roll-to-roll nanoimprint process for broadband plasmonic infrared filters[J]. Applied Physics Letters, 2012, 101(22): 223102.

[89] Ahn S H, Guo L J. Roll-to-roll nanoimprint lithography and dynamic nano-inscription[J]. Social Science Electronic Publishing, 2013, 33(2): 27-41.

[90] Joon-Soo K, Seungcheol Y, Hyungjin P, et al. Photo-curable siloxane hybrid material fabricated by a thiol-ene reaction of sol-gel synthesized oligosiloxanes[J]. Chemical Communications, 2011, 47 (21): 6051-6053.

[91] Qing F L, Yin Y, Ansis M, et al. Thiol-ene reaction: a versatile tool in site-specific labelling of proteins with chemically inert tags for paramagnetic NMR[J]. Chemical Communications, 2012, 48 (21): 2704-2706.

[92] Kolb C H, Finn M G, Sharpless K B. Click chemistry: diverse chemical function from a few good reactions[J] Angewandte Chemie International Edition, 2001, 40: 2004-2021.

[93] Haruyuki O, Masamitsu S. Reworkable resin using thiol-ene system[J]. Journal of Photopolymer Science and Technology, 2011, 24(5): 561-564.

[94] Ahmed H M, Windham A D, Al-Ejji M M , et al. Preparation and preliminary dielectric characterization of structured C_{60}-thiol-ene polymer nanocomposites assembled using the thiol-ene click reaction[J]. Materials, 2015, 8: 7795-7804.

[95] Hagberg E C, Malkoch M, Ling Y, et al. Effects of modulus and surface chemistry of thiol-ene photopolymers in nanoimprinting[J]. Nano Letters, 2007, 7(2):233-237.

[96] Koyuncu F B, Davis A R, Carter K R. Emissive conjugated polymer networks with tunable band-gaps via thiol-ene click chemistry[J]. Chemistry of Materials, 2012, 24(22):4410-4416.

[97] Guo L J. Nanoimprint lithography: methods and material requirements [J]. Advanced Materials, 2007, 19: 495-513.

[98] Zhang F, Hong Y L. Transfer printing of 3D hierarchical gold structures using a sequentially imprinted polymer stamp[J]. Nanotechnology, 2008, 19(41): 4235-4237.

[99] Zhou L, Dong X X, Lv G C, et al. Fabrication of concave microlens array diffuser films with a soft transparent mold of UV-curable polymer[J]. Optics Communications, 2015, 342: 167-172.

[100] Hulme J. The molding of biological features using a flexible polymer mold[J]. Micron, 2011, 42 (42): 429-433.

[101] Schift H. Nanoimprint lithography: 2D or not 2D? A review[J]. Applied Physics A, 2015, 121: 415-435.

[102] Gilles S, Meier M, Prömpers M, et al. UV nanoimprint lithography with rigid polymer molds[J]. Microelectronic Engineering, 2009, 86(4-6): 661-664.

[103] Murphy P F, Morton K J, Fu Z, et al. Nanoimprint mold fabrication and replication by room-temperature conformal chemical vapor deposition [J]. Applied Physics Letters, 2007, 90(20): 203115.

[104] Lee N Y, Kim Y S. A poly(dimethylsiloxane)-coated flexible mold for nanoimprint lithography[J]. Nanotechnology, 2007, 18(41): 206-214.

[105] Andersson B V, Herland A, Masich S, et al. Imaging of the 3D nanostructure of a polymer solar cell by electron tomography[J]. Nano Letters, 2009, 9(9): 853-855.

[106] Yu Q, Braswell S, Christin B, et al. Surface-enhanced Raman scattering on gold quasi-3D nanostructure and 2D nanohole arrays[J]. Nanotechnology, 2010, 21(35): 355301-355309.

[107] Najiminaini M, Ertorer E, Kaminska B, et al. Surface plasmon resonance sensing properties of a 3D nanostructure consisting of aligned nanohole and nanocone arrays[J]. Analyst, 2014, 139(8): 1876-1882.

[108] Lee M Y, Li Y, Samukawa S. Miniband calculation of 3-D nanostructure array for solar cell applications[J]. IEEE Transactions on Electron Devices, 2015, 62(11): 1.

[109] Zhu S, Zhou W. Effect of gold coating on sensitivity of rhombic silver nanostructure array [J]. Plasmonics, 2009, 4(4): 303-306.

[110] Liu H, Boluo Y, Liu Q, et al. A hybrid nanostructure array for gas sensing with ultralow field ionization voltage[J]. Nanotechnology, 2013, 24(17): 175301-175305.

[111] Gu W, Liao L S, Cai S D, et al. Adhesive modification of indium-tin-oxide surface for template attachment for deposition of highly ordered nanostructure arrays[J]. Applied Surface Science, 2012,

258(20): 8139-8145.

[112] Chen S Y, Yen Y T, Chen Y Y, et al. Large scale two-dimensional nanobowl array high efficiency polymer solar cell[J]. Rsc Advances, 2012, 2(2): 1314-1317.

[113] Zhang Y J, Wang Y X, Billups W E, et al. Ordered magnetic multilayer nanobowl array by nano-sphere template method[J]. Solid State Communications, 2010, 150(150): 2357-2361.

[114] Meng F, Shen L, Wang Y, et al. An organic-inorganic hybrid UV photodetector based on a TiO_2 nanobowl array with high spectrum selectivity[J]. RSC Advances, 2013, 3(44): 21413-21417.

[115] Guo D, Komctani R, Warisawa S, ct al. Thrcc-dimcnsional nanostructurc fabrication by controlling downward growth on focused-ion-beam chemical vapor deposition[J]. Japanese Journal of Applied Physics, 2012, 51(6): 529-531.

[116] Hao S Q, Tan Y F, Gao L, et al. Application of conglutination technology in military equipment [J]. Mechanical Engineering & Automation, 2012, 4(2): 214-216.

[117] Chen T H, Tsai T Y, Hsieh K C, et al. Two-dimensional metallic nanobowl array transferred onto thermoplastic substrates by microwave heating of carbon nanotubes[J]. Nanotechnology, 2008, 19 (46): 465303.

[118] Zhang M, Xia L, Deng Q, et al. Nanobowl array fabrication via conglutination process based on thiol-ene polymer[J]. IEEE Photonics Journal, 2015, 7(4): 1-6.

[119] Jebril S, Elbahri M, Titazu G, et al. Integration of thin-film-fracture-based nanowires into microchip fabrication[J]. Small, 2008, 4(12): 2214-2221.

[120] Nam K H, Park I H, Ko S H. Patterning by controlled cracking[J]. Nature, 2012, 485(7397): 221-224.

[121] Ausiello P, Apicella A, Davidson C L. Effect of adhesive layer properties on stress distribution in composite restorations—a 3D finite element analysis[J]. Dental Materials, 2002, 18(4): 295-303.

[122] Thames S F, Yu H. Cationic UV-cured coatings of epoxide-containing vegetable oils[J]. Surface and Coatings Technology, 1999, 115(2): 208-214.

[123] 赵艳皎. 便携式拉曼光谱仪技术的研究[D]. 苏州:苏州大学,2004.

[124] 郭忠. 微型拉曼光谱仪的结构设计与数据处理方法研究[D]. 重庆:重庆大学,2010.

[125] 曹雪伟. 纳米银胶的制备及其在表面增强拉曼散射中的应用[D]. 大连:大连理工大学,2010.

[126] 孙德新,杨存武. 静止型傅里叶变换成像光谱仪技术的发展[J]. 红外,2001(1): 9-13.

[127] 范世福. 光谱技术和光谱仪器的近期发展[J]. 现代科学仪器,2006, 5: 14-19.

[128] 鞠挥,吴一辉. 微型光谱仪的发展微型光谱仪的发展[J]. 微纳电子技术,2003, 30(1): 30-37.

[129] 方肇伦,方群. 微流控芯片发展与展望[J]. 现代科学仪器,2001, 4: 1-6.

[130] 张慧云,马兴坤. 线阵CCD的光谱测量[J]. 物理实验,2006, 25(10): 10-13.

[131] Sin J, Lee W H, Popa D, et al. Assembled Fourier transform micro-spectrometer[C]// Micromachining and Microfabrication Process Technology XI. Proceedings of SPIE, 2006, 6109: 29-36.

[132] Antoszewski J, Keating A, Winchester K, et al. Tunable Fabry-Perot filters operating in the 3 to 5 μm range for infrared micro-spectrometer applicationsp[C]// MEMS, MOEMS, and Micromachining II SPIE-International Society for Optical Engineering, 2006: 618608.

[133] Cheben P, Schmid J H, Delâge A, et al. A high-resolution silicon-on-insulator arrayed waveguide grating microspectrometer with sub-micrometer aperture waveguides[J]. Optics Express, 2007, 15 (5): 2299-2306.

[134] Smit M K. New focusing and dispersive planar component based on an optical phased array [J]. Electronics Letters, 1988, 24(7): 385-386.

[135] Yankov V, Babin S, Ivonin I, et al. Digital planar holography and multiplexer/demultiplexer with discrete dispersion [C]// Active and Passive Optical Components for WDM Communications Ⅲ. SPIE, 2003, 5246: 608-620.

[136] Lindberg J, Lindfors K, Setala T, et al. Spectral analysis of resonant transmission of light through a single sub-wavelength slit[J]. Optics Express, 2004, 12(4): 623-632.

[137] Schouten H F, Visser T D, Lenstra D, et al. Light transmission through a subwavelength slit: waveguiding and optical vortices[J]. Physical Review E, 2003, 67(3): 036608.

[138] Shi H, Luo X, Du C. Young's interference of double metallic nanoslit with different widths[J]. Optics Express, 2007, 15(18): 11321-11327.

[139] Lalanne P, Hugonin J P. Interaction between optical nano-objects at metallo-dielectric interfaces[J]. Nature Physics, 2006, 2(8): 551-516.

[140] Chen L, Robinson J T, Lipson M. Role of radiation and surface plasmon polaritons in the optical interactions between a nano-slit and a nano-groove on a metal surface[J]. Optics Express, 2006, 14 (26): 12629-12636.

[141] Lalanne P, Hugonin J, Rodier J. Theory of surface plasmon generation at nanoslit apertures [J]. Physical Review Letters, 2005, 95(26): 263902.

[142] Pacifici D, Lezec H J, Atwater H A. All-optical modulation by plasmonic excitation of CdSe quantum dots[J]. Nature Photonics, 2007, 1(7): 402-406.

[143] Temnov V V, Nelson K A, Armelles G, et al. Femtosecond surface plasmon interferometry [J]. Optics Express, 2009, 17(10): 8423-8432.

[144] Temnov V V. Ultrafast acousto-magneto-plasmonics[J]. Nature Photonics, 2012, 6(11): 728-736.

[145] Martín-Becerra D, Temnov V V, Thomay T, et al. Spectral dependence of the magnetic modulation of surface plasmon polaritons in noble/ferromagnetic/noble metal films [J]. Physical Review B, 2012, 86(3): 035118.

[146] Temnov V V, Armelles G, Woggon U, et al. Active magneto-plasmonics in hybrid metal-ferromagnet structures[J]. Nature Photonics, 2010, 4(2): 107-111.

[147] Martín-Becerra D, González-Díaz J B, Temnov V V, et al. Enhancement of the magnetic modulation of surface plasmon polaritons in Au/Co/Au films[J]. Applied Physics Letters, 2010, 97(18): 183114.

[148] Fan S. Nanophotonics: magnet-controlled plasmons[J]. Nature Photonics, 2010, 4(2): 76-77.

彩　　图

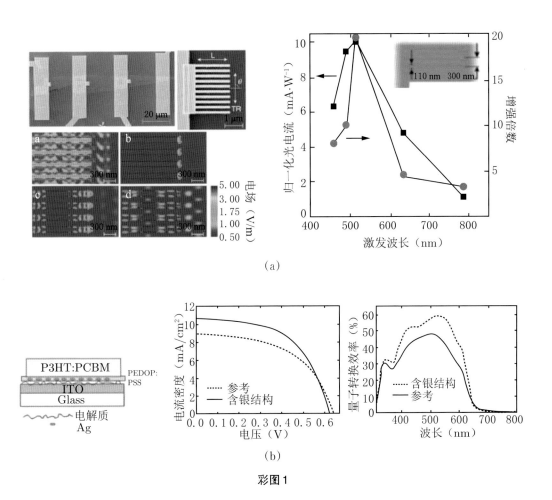

(a)

(b)

彩图1

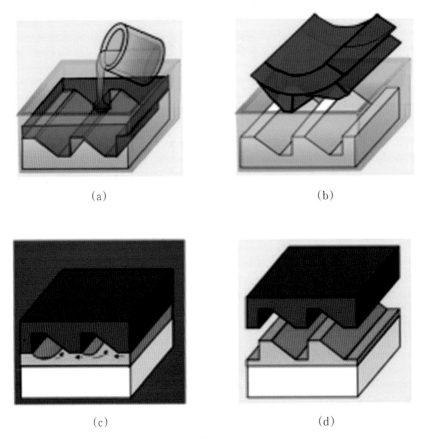

(a)   (b)

(c)   (d)

彩图 2

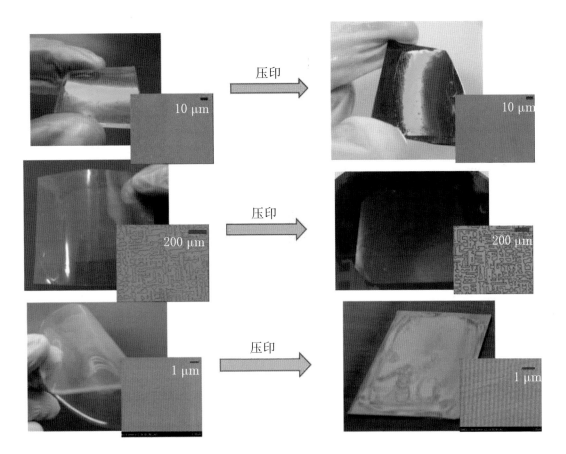

彩图3

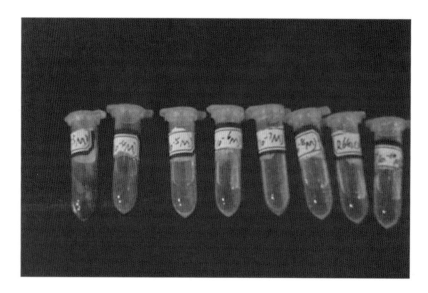

彩图 4

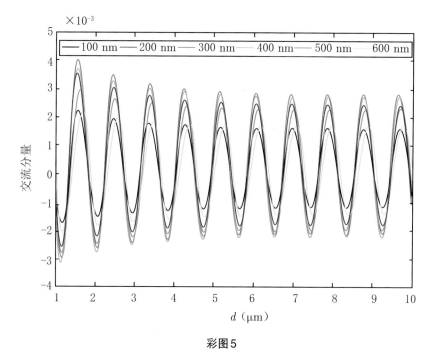

彩图 5